✛ 强韧秀发明星产品 ✛

BIOTOUCH EXTRA RICH INSTANT REPAIR
威娜倍欧滋养快速修护精华液

有效提升秀发强韧度，给予秀发瞬间顺滑效果。

特殊两段式免洗护理，双重修护技术，修复受损发质结构及
角质层，增强秀发对外部影响的抵抗力，强化秀发内部结构，
强健秀发表皮。

✛ 强韧营养成分 ✛

杏果油精华修复滋养复合成分

深层渗透，不仅修复秀发表面的凹凸不平，更能深入发心，从内部进行修补、
再生和滋养，增强秀发强度。

透明段：活性滋养成分滋养、
修护及强化秀发内部结构。

乳白色段：营养成分修护及
强化表皮层，避免秀发断裂。

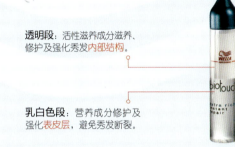

✛ 六大倍效呵护服务 ✛

浓缩精华液，不仅拥有强大的修护功能，更可结合威娜产品，为您的不同发质情况带来六大倍效呵护服务，瞬间修护，活力如初。

1 快速修护服务
Express Repair Service

快速急救，仅需20分钟即可从内而外修复秀发，瞬间绽放柔顺闪亮的秀发
生机。
可以在剪发或造型前使用，易剪易塑，让你的顾客即刻感受柔顺魅力。

2 倍效深层修护SPA服务
Restructuring SPA Service

适合受损发质，从内而外重建受损秀发组织，不仅可以在发膜按摩后使用，
也可添加到发膜中令效果加倍滋润。配合舒缓按摩及其他威娜专业产品的
使用，快速恢复秀发生机，活力如初。

3 倍效顺柔SPA服务
Smoothing SPA Service

深层调节抗拒性秀发的内部结构，优秀的抗毛糙效果，让秀发拒绝干燥，
持久保湿，并保持丝缎般顺滑发质。也可添加到倍欧顺柔发膜中，独有的
顺滑成分令效果加倍滋润，飘逸垂顺的发质让人心动。

4 倍效染护服务
Nourishing Color Service

染前抚平滋养受损发质，为染发提供平滑健康的发质，为臻彩亮染缔造完
美基础，更可强化染后色彩效果，让秀发柔顺闪亮。

5 倍效烫护服务
Nourishing Perm Service

适合受损发质，修复烫前秀发到理想状态，平衡发质，让烫后秀发柔软健
康、弹性持久，并适合冷烫热烫。

6 倍效拉直呵护服务
Nourishing Straightening Service

拉直前涂抹，可抵挡拉直热处理对秀发造成的伤害，增强保湿性，以稳定
温和的拉直定型处理，让你的顾客获得平滑顺柔的拉直效果。

巴黎欧莱雅专业美发

MAJIREL DEEP COVERAGE

美丝雅莹黑系列 ［专为亚洲头发设计］

冷光时尚色调，完美持久盖白

美丝雅 2.00, 3.00, 4.00, 5.00

YEARS 100
百年产品科研
您安心的选择

- 独特ICC系统，赋予秀发时尚的冷调光泽
- 深邃浓黑，百分百完美覆盖白发
- 效果持久，即使褪色也不泛铜红

KÉRASTASE
PARIS

修护受损发质，回复秀发强韧与光泽

想象……
蜂蜜般闪耀的蜜糖发色 来自

honey.LUXe
炫色 　　甜蜜发色

SOCOLOR.beauty
美奇丝炫色染发膏

享受沉浸在甜蜜温暖冬阳中，如蜂蜜般闪耀的发色，运用蜂巢式染发技巧，创造出折射般的亮丽光泽，金色挑染搭配饱和丰润的摩卡棕色，从被阳光亲吻的金色光泽到蜂蜜般甜美的棕色，炫色甜蜜发色，带给你新年源源不绝的幸福与甜蜜！

美国第一专业美发品牌
#1 IN AMERICAN SALONS

www.matrix.com
免费咨询电话：800-820-8113

MATRIX 美奇丝
美 国 第 一 专 业 美 发 品 牌

编者的话

作为纯日式美发读物，《丝语》一经面世，便得到了广大读者的肯定。广州资深发型师Kenny说，《丝语》上面"篇篇都是宝"；一位署名"单身"的发型师在QQ上写道，"我做美发几年了，没看过那么好的书"；有位年轻的发型师打来电话说，《丝语》是他看过的"最专业、最通俗易懂的美发读物"；出生于日本、现在北京开店、对《HAIR MODE》非常熟悉的发型师龙谷看到《丝语》后说，"这个对中国的发型师太有用了"……老实说，这些评价对我们来说，既是鼓励，也是压力，更是动力。作为日本专业美发杂志的中国版权独家拥有者，我们衷心希望通过自己的努力，能够把这本纯日式的专业美发读物原汁原味地呈献给国内的发型师们。

因为《丝语》的内容全部取材于《HAIR MODE》与《HAIR MODE URESTA！》，为了选出适合国内发型师阅读、对发型师真正有帮助的内容，编辑部对大量的素材进行了严格的遴选与精心的整理，并且经过多次调整，才最终定稿。但是，由于日本的美发技术相当成熟，对于技术的分析与总结也非常透彻，在技术讲解中出现了大量的专业术语，而这些术语在国内的美发教育领域甚至专业书籍中都少有涉及，这就给翻译工作带来了相当大的难度。《丝语》的译者纪凤英老师与李静老师本着对读者高度负责的态度和严谨求实的治学作风，为了保证译文的准确，查阅了相关的美发书籍与日文辞典，既与国内发型师商讨，又通过各种途径向在日本工作的专业美发人士请教。特别值得一提的是《丝语》的技术总监张英老师，她不仅在内容的选择上给予了指导性的建议，而且不顾繁忙的日常工作，抽出宝贵的时间，逐字逐句地对翻译稿进行了审读，提出了中肯的意见，为《丝语》的技术水准提供了强有力的保障。在此，我代表编辑部以及所有的读者对这些老师表示诚挚的谢意。

《丝语》第1辑如期面世，受到了广大读者的好评，这是我们迈向成功的第一步。如今，《丝语》第2辑也不负众望地来到大家面前，对我们的读者来说，这将是又一份美发盛宴。同时，为了拓展《丝语》的销售渠道，我们也竭诚欢迎业内人士成为《丝语》的代理商，以加大《丝语》在美发专业渠道的发行力度，使《丝语》能够成为更多发型师的良师益友。

李丽梅

HAIR MODE
URESTA!

丝语 ②

《丝语》编辑部　编

李静　纪凤英　译

技术总监　张英

通向超人气发型师的金钥匙

hair design_Kazuo Kido [SNOB]
make-up_Kazue Kawamura [p.bird]
photo_Pak Ok Sun [CUBE management]
styling_Megumi Date

辽宁科学技术出版社
LIAONING SCIENCE AND TECHNOLOGY PUBLISHING HOUSE

CONTENTS
目录

HAIR MODE
URESTA! 丝语②

小林知弘
[kakinoto arms]

12

hair design_Tomohiro Kobayashi［kakimoto arms］
hair color_Maiko Ikeuchi［kakimoto arms］
make-up_Harumi Iwakami［kakimoto arms］
Keiko Nakashima［kakimoto arms］
nail_Chihiro Sato［kakimoto arms］
photo_Yuji Zendou［angle］
styling_Megumi Date

CREATIVE ticket：01

展露个性

川岛悦实

［UB］

专业培训、踏实经营、受欢
迎的发型、被肯定的作品
……
这些都是你必须拥有的实力
躲在角落的你，现在就闪亮
登场吧！

Hair design_Ersumi Kawashima[UR]
Help_KEN[UR]
Make-up&styling_GONTA[UR]
Photo_Koji Taniwaki

朝 日 光 辉 [air]

时而是美容师，时而是发型师，时而又是时尚设计师，这就是活跃在美容业内外的朝日光辉，靠着他特有的"超级工作方法"，在这样的舞台上展现着各种各样的才华。我们在美容室、摄影棚里跟踪采访他，然后向读者介绍他多方面的工作方法和技巧。

HAIR
MAKE-UP
FASHION

有着美发、化妆、时尚三种面孔
时尚工厂的工作方法

MITSUTERU ASAHI

1975年出生于日本新潟县。从山野美发专科学校毕业后，进入了在东京从1家店发展到4家店的air公司。现任air店的代表。活跃于女性杂志《Ane Can》、《CanCam》等的杂志、广告、收藏、发型设计展等多个领域。也是押切女士（日本人气女演员）等知名演员、模特的造型师。由他设计出的押切式卷发（演员押切女士的卷发造型）在学生和白领等女性中掀起大风潮。

发型设计以内收感为主题，强调个性，创造自然的波浪

NATURAL WAVY

hair design&make-up / Mitsuteru Asahi[ari] photo / Yumi Ikoma styling / Kayo Nomura

属于明亮发色系，
给人春天的感觉，
设计成短发风格！

ARRANGE STYLE

动感！内收感！
自然的波浪卷儿

朝日老师建议：换个自然波浪式的卷发发型迎接春天的到来。他说这样的发型是"吹风造型也好，要自然动感些也好，别在耳后也好"！是富于变化的发型。

BEFORE

自来卷儿、发量多、厚度一般。长长的鲍勃发型，发际线周围的自来卷儿明显。希望随着春天的到来换个有动感的发型。

1

使用锯齿剪技法设定好轮廓线。与其说是间隔着剪，不如说是聚集着修剪的感觉。在颈背分区斜向分发片，进行低层次修剪。因为要强调圆弧状的造型，因此稍微靠近发束的中央处剪出圆弧状发型，在内侧进行低层次打薄削剪。

2

不要在表面过多地入剪，沿着发际线处卷发的方向并且顺发流的方向创造内收感。在发型的表面呈现出轻盈的状态。

3

一边将侧面的发片向后提拉一边修剪出稍向前斜下造型。把脸周围头发的发尾剪出有层次的尖细且柔软的状态。

ARRANGE

"时尚短发风格的操作步骤"

戴上发饰就可以轻松地改变成可爱形象。目前流行彩色面料的西式服装，在发型上也希望改变成可以增加个性感的打扮。

1

前发除外，把脸周围的头发覆盖在耳朵上。

2

OK
呈现内收感

用发带从上面覆盖头发。要点是使所有的头发呈现内收感。在头后部制造圆弧状造型。调整整个发型的平衡感。

NG 没有呈现内收感

没有让所有的头发呈现内收感。

要点！
完成有内收感的发型。

4

把发片向后提拉，从内侧入剪形成向前斜下造型，并且强调产生内收感。目标是创造既有动感又好打理的发型，而且，如果把头发别在耳后也会产生同样的效果，这就是此款发型的要点。

5

注意修补头形不足的同时，薄薄地取发片进行高层次修剪。为了使每个部位的发流都不同，发束分得要细。剪发时注意发流方向，要考虑到内收感，再进行修剪。

6

修剪出体现量感的前发，从中间设定好长度后手指一边夹住发片，一边向中间旋转，使中间的头发最短，越向两侧头发越长，因为内侧头发稍短，因此形成了圆弧状造型。

虽然是有动感的发型，但是经过吹风造型后也会变得无卷顺滑。也可以把头发打乱后变成有动感的松散的发型，因此掌握好富于变化的造型是关键。简单的造型中也同样认真地理解内收感的要点。

从前发到两侧一点点进行连接，制造圆弧状造型。剪发时一边要考虑能使脸看起来变小的形，一边也要注意当把两鬓头发别在耳后时从纵长的画面看会有细微差别的效果，轻松打理发式。

7

首先吹前发，然后一边用手抓住头发进行造型，一边把头发发吹干即可。

3

用食指拉出头顶部和两侧的头发。

4

在颈背分区也一样，但注意不是把全部的头发都拉出。同时，要站在顾客前面来调整平衡感。

5

用梳子把前发梳理出少许的间隙。

6

喷上发胶，调整好发型的平衡感即可。

顺着发流的方向进行卷发，
做出自然的大波浪发型

大波浪造型

hair design&make-up / Mitsuteru Asahi[air]　photo / Yumi Ikoma　styling / Kayo Nomura

变换发式后也可以有
良好的平衡感，
没有加工痕迹的发型

ARRANGE STYLE

朝日派的自然大波浪发型！

这里介绍在发廊里朝日老师经常给客人建议的朝日派的有自然发流、自然量感的大波浪发型。

BEFORE

长长了的中长发状态，在头中部有厚重感。发量多，厚度一般。发尾部位受损，发际线周围有自然卷发。为这样的客人造型时，应顺着自来卷的发流方向修剪出休闲感强的卷发发型。

1

因为要在略显稀薄的发尾处剪出厚度，因此使用锯齿剪技法，呈现有内收感的发型。

2

在头下部分区呈"八"字形向前取发片，手指向外旋转修剪发尾，制造内收感。因为要拉出内层的头发修剪，注意避免削得过薄。

3

在头中部分区，利用高层次修剪技法，去除堆积感。

4

在头顶部也要注意内收感，并加入高层次。另外，侧面的轮廓线修剪出向前斜上造型。

ARRANGE

使用发饰轻松打理、变换发型

每天变换着不同的服装，发型也应该相应变换。发型师建议的是可在家自己梳理，变换出简单发型的技巧。

1

保留脸周围的头发，从耳上开始向上提拉发束至头顶并扎成一束。

若使分缝线不明显的话，圆形划出分缝线，则会产生良好的效果。

 OK 分缝线不明显

NG 分缝线明显

平行取发束会使分缝线明显。

5

在每一束发片中不需要全部进行修剪,而是把多余的角度剪掉就可以了,去除堆积感。并且,在体现很好的内收感的同时,也要注意新长出的头发。

取出鬓角凹陷部位的头发。

在侧面里层,也同样在每一束发片中,不需要全部进行修剪。

高层次的高度是由骨骼来决定的!对我来说,高层次修剪是可以完善头形的技巧。也就是说,最基本的原理是根据发型的需要来决定高层次的高度。

6

易受头部骨骼影响的头盖骨下面也同样加入高层次,但是并不只是单一地加入高层次,而是在考虑到体现良好的内收感的基础上进行调整。

电热棒的使用技巧

7

现在最新流行的不是完全"有卷曲的感觉",而是"有个性的漂亮的大波浪式发型"。

发尾向外侧顺着卷曲的方向卷发。这样可以产生自然的卷,完成自然卷发的发型。

用电热棒向内侧卷发。

将发束向内侧卷,形成向外侧伸展的特点。用电热棒顺着卷儿的流向卷发(逆着卷儿的方向则不能成卷儿)。

2

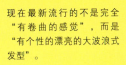

用五指梳起头发。

再用手梳发向上拢起。

3

用梳子把头发拢起来,再把发尾套住。

4

给头发打上整发膏,调整好发型的平衡即可。

通向超人气发型师的金钥匙

发式造型特集

最终整理不到位的发型，绝对不会是出色的发型。

所说的发型风格是让客人满意并展开笑颜的最好的钥匙之一。

这里的内容就是介绍发型风格的大特集。

不仅有基本的技术内容，还有众多人气发型设计师带来的权威讲解。

 确定发型　塑造基本形
田中贵大（M.TANIGUCHI）

 最终在整理上见功夫
的发式造型技巧
小林知弘（kakimoto arms）

 选择发型定型剂
的基础知识
大山幸也(MINX)

Sakamaki tetuya
1962年出生于千叶县。从巴黎美
容专业学校毕业后，进入东京某
美容店工作。1998年在东京原宿
开设了"apish"美发店。2006
年第二家店"apish Rita"开业。
同年创办《让女人更靓丽可爱
SET&UP》杂志，并于2008年2
月发行首刊《大波浪发型技巧学
习》（同是社内刊）。

坂卷哲也的

Hair design：坂卷哲也（apish）make-up（model）：Tsuksa Komata（apish）photo：Toshiyuki Asada styling（mode）：Kumiko Morisoto
illustrateion：Mayuko Sase（A.K.A）

Featuring of ST♡LING　第**1**把钥匙

造型魔法

甜美的

甜美·优雅的

展现女性无限魅力的发型

能实现这一点的，就是出色的发型师。——坂卷哲也（apish）

马上为大家呈现魔法的力量，感觉如何？
经过非常简单的处理，就让两位模特变成四位模特的坂卷老师。
"也没有什么带魔术力的机关……"怎么可能呢？
今天在这里就要教授变换发型风格的魔法秘诀。
经常给顾客改变发型是很冒险的事，但也是锻炼自己的最好机会。

休闲·可爱的

休闲·有女人味的

两位模特原来的发型

打造休闲、可爱的风格

魔法

打造休闲、有女人味的风格

魔法

发长至锁骨处的鲍勃基本形。头顶部从前发开始进行连接，加入了高层次。头下部分区加入了低层次。稍带卷曲的硬发质，稍有些干燥。

高层次的长发型（肩下20厘米）。从前发开始加入高层次进行连接。表层用高层次内侧打薄削剪技法制造发束感。发质柔软，没有自来卷儿。

打造甜美的风格

魔法

打造甜美、优雅的风格

魔法

做法的不同在哪里？下页即将公开魔法的秘诀！ ➡

S
发型风格魔力的秘诀是：
CJI
的组合

魔力的秘诀总是听起来不可思议的简单，做起来很难。

这里也是一样。一直是在无意中做的事情，每次的效果确实会有不同。以下公开魔力的秘诀。

 技巧 1 ## S、C、J形卷发和I形直发，来决定发型设计

像密码一样的记号方法非常简单明了！卷发发型做法：首先做出平时我们印象中了解的卷发发型，然后，用组合法比较一下模特形象有哪些变化。

S 形卷

散乱的发尾

打造可爱、伶俐型美女

女性的象征

使用发杠卷2周后产生的卷发。打造出女性特有的华丽气质。根据卷发的发量、卷曲的强度、发尾的方向可以表现很多想象力。

**发尾
向内侧收紧**

变身成熟女性

向内侧收紧的发式效果和其他形相同，右侧的照片是J形。

C 形卷

向内侧卷

呈现自然美女形象

**把握
发型与表层的
发流**

主要用于头上部分区。从发根处向上提拉形成立体的轮廓，制造表面的发流，打造优雅美女。

**表层头发向
后梳理定型**

呈现优雅女性的风格

J 形卷

**发卷
向外跳跃状**

打造可爱、年轻、有朝气的美女

成熟、健康

使用发杠卷1周后产生的卷发。头上部分区和头下部分区都可以使用这一技巧。

**发卷向内侧
卷的**

打造成熟、理性、娇媚的气质

I 形直发

柔和的质感
➡ 自然、顺畅

松散的质感
➡ 清凉、恬静

**根据质感的情形
来进行多样化的
设计**

虽然是直发，但也可以给人柔和、流畅、清爽、恬静等许多的质感印象。思考一下和卷发相似的特点。

滋润的质感
➡ 成熟、娇媚，有空气感

有空气感
➡ 轻松、休闲、年轻

进阶秘诀！ ❶

组合方法是无限的，但变化却是一步一步呈现出来的。

同样的基本发型通过打理也可以呈现不同的风格。话虽如此，突然地改变客人原有的形象风格是很冒险的事！因为有些客人会很难接受突然的大改变。所以，无论在头上部分区还是头下部分区打理时，都应渐进地操作，让客人的新形象慢慢地展现出来。（坂卷）

组合的技巧在于头上部分区和
月牙区·头下部分区之间的比例

坂卷老师打理发式造型时将头部分成头上部分区
和月牙区·头下部分区两层。将这两个层面按不同
的组合打理成型就是打造客人靓丽风采的技巧。
技巧1：一边在脑海中构思出卷发的样式，一边考
虑如何组合上、下两层。

举例：

	向内卷杠		内卷杠			向内卷杠		成熟的
自然	C	X	C		成熟的	C	X	S
	卷发		卷发		S形卷	卷发		卷发
	向外卷杠		强卷			向外卷杠		强卷
更成熟	C	X	S		更优雅	C	X	S
的风格	卷发		卷发		上品的风格	卷发		卷发

发型轮廓的比例是由
区域大的部分来决定印象的！

头发长度的不同给人留下不同的印象。在发型轮廓上，高比例的分区会让
人加深印象，影响整个发型风格。在这里，介绍可以向客人建议的女人味
十足的卷发造型。

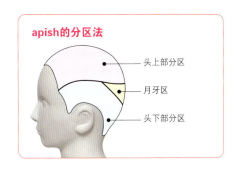

apish的分区法

头上部分区
月牙区
头下部分区

Long
长发

1:2以上

❶

❷ 以上

头下部分区确实很重要！

如何打理月牙区·头下部分区头发的卷曲感是发型风格的关键。并且，发流方向、卷的强度等细微的差别都会影响到整体效果。

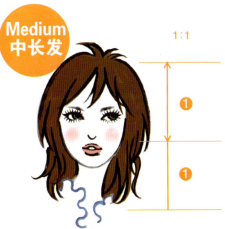

Medium
中长发

1:1

❶

❶

任何部位都很关键！

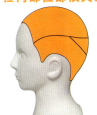

中长发的上下分区比例差不多。无论头上部分区和头下部分区是否相连接，找出最恰当的组合方式。

Short
短发

1:0.5或1

❶

0.5或1

头上部分区的大部分！

呈现女性形象大部分由头上部分区的轮廓和质感决定。月牙区·头下部分区的重点是在发尾处打理出动感。

♪进阶秘诀！ ❷

**能向客人传授发式造型技巧的美
发师能够获得客人的信赖。**

能为客人设计漂亮的发型当然是非常重要的事，但想要获得客人信赖的最好办法是帮
助客人成为自己打理发型的高手。客人说"是某某教我打理的，比想象的要简单"
时，就证明已对这位发型师产生了信赖感。我的目标是让客人成为打理发式的高手，
可以很专业地打理出我们教她的发式造型。（坂卷）

前页介绍的是打理发型的魔法秘诀。
下面就是利用前面所讲的组合方法，为客人打造靓丽新形象的过程。

理论秘诀成为现实的过程 ①

J+S 形卷

强卷

有透明感的甜美发型

头上部分区做出J形卷和月牙区·头下部分区做
强S形卷，呈现甜美形象。
在S形卷的甜美感基础上增加透明感是发型质
感的关键。

向内的J形卷
打造成熟、高品位美女

**散乱的发尾
强烈的S形卷**
打造甜美可爱又华丽
的形象

基础

目标是在保持发质柔和的同时飘逸感适度，并且有光泽。在发
尾2/3处喷上液态营养水，在发尾5厘米处涂上发油。

头上部分区

J形卷

吹七成干

① 创造发型从吹风造型开始

电热棒

完成

① 利用滚梳进行吹风造型。先吹出J形，画线部分与地面平行
拉起，然后慢慢降低角度卷1周。② 和吹风造型时一样将发束拉
起，用电热棒（38毫米）在发尾处卷1周。③ 如图所示提起三角
形状的前发从底部开始吹干形成立体感，再用喷雾发胶定型。

头下部分区

电热棒
① 细分发束！

S形强卷

拿掉电热棒
时注意不要
破坏发卷

②

完成
③ 做甜美S形
卷的技巧

① 用电热棒（32毫米）倾斜着卷起发束，将发束以小角度提起从中间开
始卷2周。拿下电热棒时注意不要破坏刚卷好的发卷，如图所示向下取
出电热棒。② 用手指拉出发尾整理，做出散乱的S形卷。③ 把全部的头
发喷上发胶呈现束感，再用手指打散发卷，打理出蓬松感和空气感。

C+J+J 形卷

是公主吗，还是王妃？甜美而又优雅

少女的甜美兼具成熟的气质，甜美优雅的女性形象。
在头上部分区顺着发流做出C形卷和发尾做出向内的J形卷呈现优雅气质。

向后旋转的C形卷
优雅上品的造型

向内的J形卷
发尾的波浪感·头后部的造型

发尾向内的J形卷
成熟、甜美造型

✿ 基 础

从头发中间到发尾涂上雾气类型的美发剂，打造看似未经打理的自然质感。

✿ 头上部分区

吹干头发

❶将头发吹至半干状态。吹干的同时在头上部分区和头下部分区吹风，在头顶部吹出蓬松感。❷使发流一边向后旋转一边卷2周，再用滚梳卷起发束吹风。前发也卷1周。

吹风造型

❷

J 形卷

电热棒

❷

✿ 月牙区

吹风造型

不要量感！

❶ 发根部位直线向下吹风，不要量感。仅在发尾处卷一圈。❷ 仅用吹风机吹出的发卷波浪感不足，因此再用电热棒增加卷曲感。和吹风时一样的处理方法，在发尾再卷1周。

✿ 头下部分区

J 形卷

吹风造型

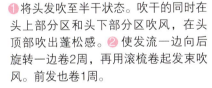

❶ 吹干冷却后再取下

柔和感的技巧

③

电热棒

在手心停留3秒

❷

✿ 完 成

从头发的中间到发尾部分使用发胶，打造光泽感和发束感。

❶ 如图所示到头后部正中心为止的头发全部拉到肩前卷1.5周。等发卷冷却后再取掉滚梳，这样发卷就不会散乱。❷ 把发束拉到肩前，在发尾处卷1.5周。让发束在手心上稍稍停留一下，冷却成型。❸ 用手轻抓发尾，使发卷更自然。以上就完成了甜美的J形卷发型。

C+J 形卷

向内C形卷
整体造型有自然感

向外J形卷
可爱有活力

休闲可爱的邻家小妹造型

休闲的发式就是看似没有经过打理的发式。
不留痕迹的造型技术是很难的。
头上部分区C形卷营造出蓬松自然感,向外跳跃的J形
卷给人健康活力的印象。

 基 础

从头发的中间开始到发尾的必要部分涂上液态的护
发剂。看似有重量感的整发剂不可以用!

头上部分区

C 形卷

吹干头发

❶

一边吹干头发,一边呈现发流的动感

吹至半干
发质稍硬,因此在湿发状态下调整出量感

吹风造型

❷

❸

❹

保持3秒

❶一边吹干全部的头发一边做出发卷的基
本型。为了吹出C形卷的蓬松感,把吹风
机靠近发根处开始吹。❷要使发根站立起
来,把发根部分的头发向上提起后再吹风,然后向下调整好角度的同时
卷出发卷。❸并且,吹头顶部的头发时,将吹风机伸进头发内侧吹风,
使发根部位头发有立体感,等吹热的头发冷却后再放下发束和吹风机。
❹脸部周围的头发也用排梳卷起进行吹风,做出看似C形的发卷。

头下部分区

J 形卷

吹干头发

❶

电夹板

❷

❶一边吹干一边在发尾处打
理出J形卷基本形。❷用电夹
板从发根开始把头发熨直,
在发尾处轻轻地卷出微卷。

完成

每束头发上都喷上发胶打造出
发束感。在头上部立起的头发
的发根处喷上雾状发胶,保持
这部分头发的蓬起感。

向后旋转的C形卷
成熟、女人味十足

向内的C形卷
有一体感、休闲感

向内的J形卷
发尾的波浪感、头后部的造型

柔软的S形卷
成熟、甜美

C+J+S 形卷
柔软 柔软

偶尔换一个休闲的，有女人味的风格

对于那些一直是休闲风格的客人提出希望增添一些女人味，变得更优雅的要求，我们可以给出满意的答复。那就是卷发的强弱及处理分寸的组合。

🌸 基 础

从头发的中间开始到发尾喷上液体雾状的美发水，在有毛糙感的发尾涂上发膏。

🌼 头上部分区

吹风造型

向内C形卷

向后旋转C形卷

C 形卷

❶用粗滚梳在发根处吹出向内的 C 形卷，注意在发根处打理出蓬松感。❷两侧表层的头发，呈现向后的发流。❸前发表层也如图片所示划分区域，三角区域放射状向后吹出向外的 C 形卷。

🌸 月牙区

吹干头发

吹风造型

发卷的大小像这样

J 形卷

❶一边吹干全部的头发一边在脖子后面打造出J形卷。❷用吹风机吹出稳重的J形卷。卷的强度参照左侧图片。

💐 头下部分区

柔软 S 形卷

吹风造型

❶利用滚梳吹出稍微向前斜上造型（向内卷2周）。

电热棒

❷从中央稍靠上部（约32毫米）处开始，使用电热棒向前卷1.5周。

🌼 完 成

在整个头部涂上发蜡，然后用手指在头顶部打理出立体感和发束感。

Featuring of STYLING

技术、解说/田中贵大
[M.TANIGUCHI]
1978年生于香川县。从东京hair make专修学校毕业后进入[M.TANIGUCHI]美发店。现在任该店四谷分店CERTO的店长。

确定发型
塑造基本形
吹干头发和吹风造型是正解！

成为发式造型高手的第一步需要精通吹干头发和吹风造型两种基本技术。而基本型是决定发式造型的关键！本章节向读者公开"根本"的技巧，让似懂非懂的发型师茅塞顿开。

发质 在设计造型时,首先应该考虑顾客的发质。
根据发质了解"头发容易产生这样造型,这样做才适合"……

粗　硬	吹风造型时,要加力,吹风时间稍长。
量　多	吹风时取发片比通常情况要薄。

细　软	吹风造型时使用适度的力。吹热风时间不宜过长。
稀　少	吹风造型时取发片比通常情况要厚一些。

再细分类型……

易蓬松发质	一般用吹风机从上向下吹发。特别要注意吹头盖骨以上部位时滚梳的插入方式。
头顶部的头发分散	用手指梳理阶段。开始时,根据期望的发流方向把握插入滚梳的角度。
高度受损发质	不要吹得太干。用滚梳拉伸发丝可能会引起发丝断裂,应该特别注意。
不易蓬松部位	为了让发根立起,向上拉起发束插入滚梳吹发,注意控制线条轮廓。
强自来卷儿	湿发状态下用滚梳彻底加力。头发干后则不易拉开发卷。

自来卷儿	用手指梳理阶段。开始时,从发根处吹发。吹风造型时,注意使用滚梳并且加力。
头旋处发量稀	用手指梳理阶段。开始时,按照想打造的线条轮廓控制发根处的卷曲。
干燥发质	吹风造型时,注意控制头发的水分,不要吹得太干。一般在湿发状态时开始吹风。
发尾翘	多数是受发根卷曲的影响形成。根据期望的发流方向把握插入滚梳的角度。
直　发	因为头发容易向外直立,所以要从发根到发尾彻底吹热风。如果用滚梳加力的话,头发可能容易变形。
离子烫发质	湿发状态下用滚梳加力。因为容易干燥,注意保留头发水分。

头的形状　在给头部每个部位造型时需要注意的要点。
不要看头模型,而是摸着自己的头和头发后再次确认。

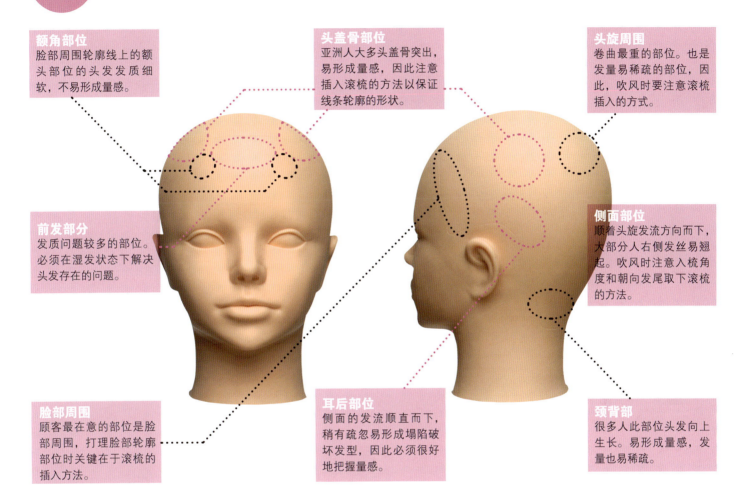

额角部位
脸部周围轮廓线上的额头部位的头发发质细软,不易形成量感。

头盖骨部位
亚洲人大多头盖骨突出,易形成量感,因此注意插入滚梳的方法以保证线条轮廓的形状。

头旋周围
卷曲最重的部位。也是发量易稀疏的部位,因此,吹风时要注意滚梳插入的方式。

前发部分
发质问题较多的部位。必须在湿发状态下解决头发存在的问题。

侧面部位
顺着头旋发流方向而下,大部分人右侧发丝易翘起。吹风时注意入梳角度和朝向发尾取下滚梳的方法。

脸部周围
顾客最在意的部位是脸部周围,打理脸部轮廓部位时关键在于滚梳的插入方法。

耳后部位
侧面的发流顺直而下,稍有疏忽易形成塌陷破坏发型,因此必须很好地把握量感。

颈背部
很多人此部位头发向上生长。易形成量感,发量也易稀疏。

滚梳的插入方法　滚梳的使用方法,这里介绍三种基本方法: 横、竖、斜。

竖入梳
不追求量感,只是梳顺发丝时,滚梳竖起插入发丝。

横入梳
想要在发根处打造出蓬松感时,横向使用滚梳插入发丝。

斜入梳
具备竖入梳和横入梳两种效果。在发根处打造出蓬松感,并且,要呈现发流时,也可将滚梳斜着插入。

目标是八成干

用毛巾擦拭头发后的状态。发量多的长发，有轻度波浪卷。用毛巾吸干头发水分后，用吹风机吹干发束中间到发根的发丝。吹风加上手抓发束吹至八成干。发质特别干或发卷强度大时，吹至六七成干即可。

1 从脸部周围开始

从顾客最在意的脸部轮廓部位开始吹风。吹风时立起中指、无名指和小指，用指尖轻触头皮。因为要控制发量，所以从头上部开始吹。

2 用中指和无名指调节发丝

吹发顺序是从上部到侧面。吹风时用中指和无名指夹住发束拉向脸部方向以控制量感。侧面发丝也向脸部方向拉伸。头后部侧面的发丝向后拉抻着吹发。

step 1 熟悉并掌握吹干头发

有多少发型设计就有多少吹风造型方法

在此复习一下吹干头发的方法。提高长发或短发的量感（设想40岁左右年龄段），减少量感（设想10～30岁的年龄段）……

技巧 量感调整

短发造型时应该提高发丝的量感，但是在两侧（鬓角）和颈背部要减少量感。

before

原则上也是八成干

用毛巾擦拭头发后的状态。发量少的短发。用毛巾包裹头发，从上向下用手指和手心触摸头发表面，同时左右摇摆。吹风加上手抓发束吹至八成干。

对　　错

技巧 留意头旋部位　　上年纪后，头旋处发丝会分开。吹发时应该特别注意此部位，避免给整个发型造成缺憾。

3 使用五个手指

头后部头发较厚，用五指伸入发丝内层左右晃动着吹发。此时吹风机也是从上向下吹风。头后部中心点及以下部位向脸部方向拉抻着吹发。

after

技巧 吹风机从上面开始吹

无论是在哪个部位吹发，都应该从上向下吹发。这是调整量感的铁律。

技巧 用手梳通发丝至发尾处

想要控制量感时，用手梳通发丝至发尾处。若在中间停下来，头发容易散开。

提高短发的量感

1 为使前额分区的头发蓬起来，有意识地进行吹风

从顾客最在意的脸部轮廓部位开始吹风。将前额头发吹起的方法是，手指紧紧夹住发束向正上方拉起，吹风机从前向后吹风。

2 头旋儿部位头发易分开，用周围头发把此处填充上遮住易露出头皮的头旋部位

从侧面到头上部吹风。上部的头旋儿部位易露出头皮，所以如图所示，用手指夹住发束，手心向外翻出后再吹风，用发流遮住头旋儿裸露头皮的部位。

3 顺着颈背部脖颈托发吹风

吹短发的头后部时，颈背部的发丝易摇摆，所以从头后部中心点开始分别从左右向前方拉发束。从两腮到下颏处，用手托夹住发丝，舒展发流。

入梳的位置和角度

头上部
要打造出动感，应该用大角度提拉发束进行吹风造型。从颈背部开始向上，逐渐加大提拉发束的角度。

刘海儿
发根处应该吹出圆润感，因此滚梳应该与设计的发流方向相反，也就是逆向插入发丝。从发束中间到发尾，顺着设计的发流方向取下滚梳。

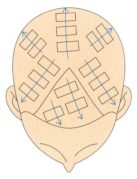
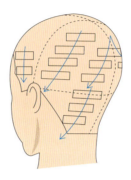

头后部
结合头部圆形，自然向内梳理发丝，向脸部方向拉发束。仔细梳理发根处的头发。

step2 理解吹风造型基础

以长发的烫发发型为例，开始吹风造型！

了解和掌握吹风造型必不可少的造型梳和滚梳的使用方法的同时，学习吹风造型的基础、吹长发烫发造型的技巧。

---

point 1 突出部位，控制部位

要调整量感特别是在发根处打造出蓬松感或控制量感的方法和烫发时相同，通过提拉发束的角度来完成。向上的大角度提起发束会形成量感，向下的小角度可以降低量感。

头顶部打造出量感

降低头盖骨处的量感

向上拉发束

向下拉发束

point 2 滚梳的运用，3种C形卷发

自然的面
让发梳回转，3个角度均等。

发根立起
发梳在发根部位急转，中间到发尾部位轻转发梳。

发尾卷曲
在发根到发束中间轻转发梳，在发尾部位急转。

头发长度不同，但在吹发时都可以将发梳从发根到发尾卷3周，分别形成3个C形卷。想在发根部打造出蓬松感时，见第二个C形卷。想要在发尾做出发卷时，见最后一个C形卷。

1 用手造型

如照片所示，一边用手指将中间至发尾往里面梳理，一边以侧面为中心吹风。

5 侧发

为了使发流向脸部流动，侧发略靠前分区。为了从侧面表现出发流和动感，使用滚梳。

2 头下部区域

颈背部斜向分区。头后部（backpiont）的区域不需呈现太强的动感，所以要按照要点2中做"自然面"那样发梳转3周。

6 用滚梳

为了让头发往脸部方向去，将滚梳横着插入发根，当滚梳移动到发尾处抽出时，滚梳是直立的（手柄在下）。

送五成热风

3 用九排梳

（DENMAN梳）

做"面"的时候用九排梳，做"发流和动感"时用滚梳。头下部区域用九排梳。不管用哪种吹风机都要斜向45°从前面开始，原则上是送五成热风。

对

错

7 头顶部

希望头顶部有发量，所以抬高头发吹风。但是，如果直着向下抽出滚梳，就会如"错"图那样出现缝隙。向左或者向右抽出滚梳就不会出空隙，容易固定。

对

错

Topics

4 右撇子的话

如果是右撇子，抽发梳就不自觉地朝右偏，容易与期望不一致。一定要有意识地向左抽出发梳。

不假思索地吹风造型的话，就会像这样抽出发刷，要注意！

8 前发

向左右任一方向侧分时，发根处的C弯（参照point2）要朝希望侧分的方向相反吹。第2个和第3个弯朝希望的方向吹后抽出滚梳（下方简图所示）。如果向希望侧分的方向从发根开始拉的话，刘海儿就会紧贴前额，需要注意。

错 紧贴感

对 蓬松感

发梳插入的位置和角度

after

头盖骨

非常容易出量感的部分。要注意发梳角度。

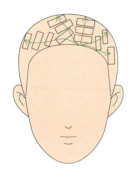

额角

脸部轮廓的额角是最容易失去发量的部分。为了不让轮廓有塌陷，要注意抬高发梳。

耳朵周围、边缘轮廓线、颈背部分区

从耳朵周围到颈背部分区的轮廓伏贴。要下拉发梳贴着皮肤吹风。

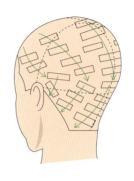

step 3

对实际操作有用的"中老年短发"的吹风造型

掌握吹风造型的应用技术

中老年人的短发最需要吹风造型的技巧。
必须进行吹风造型是自有其道理的。

重点 1　不能做成圆弧状

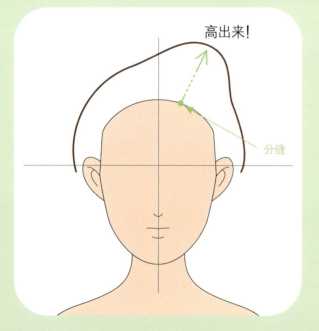

高出来！

分缝

针对中老年人的这种基本设计，如果外轮廓做成圆弧状则是失败的。如果有分缝，应该有意识地在其延长线上将外轮廓线加高，这样就显得很精神！

重点 2　检查前发的突起

有一点向前突出

对

从前额处缩进去

错

前发设计中重要的是从侧面看时的突出方式。如果从前额的圆弧处到前发的发量缩进去的话，人显得寒酸。要将发片大胆地向前拉出，抬高吹风造型。

1 侧发

想要顺着头的圆弧整理,侧发的分缝线应该略微向前斜下一点儿分区域。全部使用滚梳。

非常重要的区域

5 侧发

这个区域承接侧发的发流,又连接控制了发量的颈背部,是非常关键的区域。轮廓比较容易塌陷,所以要抬高一些吹风。

Topics

2 避开发根

不希望侧发量感过大。如果头发没有特殊的自来卷儿,就避开发根,向下拉吹风造型。如果滚梳放到发根,发根就会立起,要注意。

对　错

6 发流的走向

从头顶部的上面看头部的状态。头顶部附近的滚梳走向要这样,以脸部轮廓线7:3的位置为分界,让量感扇形扩散,由后向前挪动滚梳。

3 颈背部

颈背部斜着分区域。从头后部的点(backpoint)开始向下的区域不希望有量感,因此向下拉头发让发流贴近头皮。

7 头顶部

身体向前弯曲吹风。头顶部头发整体提高角度,一边加力整理出量感,一边做出发流。

4 角度

为了连接有量感的头顶部,从头后部的正中线附近要渐渐地抬高角度。

8 前额

让前发立起,像point2那样突出的部分。要完全将发片拉向脸部,加力让滚梳抓住头发。

Q. "用滚梳加力量"是什么意思?

A. "用滚梳加力"就是吹风造型时,固定滚梳的位置的同时多次旋转发梳,让滚梳毛紧紧缠着头发向外拉。实际操作试一试!

烦恼 1 短发的颈背部头发浮起！

吹风前　吹风后

看起来很漂亮了，但在侧面能够看到！
吹风的关键就是要把滚梳插入头发的内侧。应该用滚梳将领口处容易翘起的头发向下压着从腮处往下颏方向梳出发流。

step 4

通过吹风解决常有的天生自来卷发
四大烦恼的彻底攻略

每个人都有头发不听话的烦恼。这也正是希望求助于专业发型师用吹风方法彻底解决的地方。每个人都会有这四个烦恼中的一个吧？

烦恼 2 头旋儿处分开！

吹风前　吹风后

随着年龄的增长，越来越在意头旋儿处分开！
年长的客人头旋儿分开厉害，发量也少时，利用倒梳头发进行掩盖。如图示取发片，一边向前提拉一边用发梳倒梳，放下后整理表面。

头旋儿
发片
针对头旋儿
斜向取发片

烦恼③ 前发分开！

吹风前　吹风后

顽固的天生头发生长方向不按照喜欢的设计保持！

吹发型前的吹干很关键。手指与手指间夹着头发，与希望的发流方向相反加一点力拉头发吹风，八成干后，再用手指向希望的发流方向一边梳通，一边吹干。

烦恼④ 右边蓬起！

吹风前　吹风后

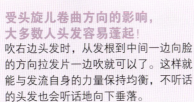

受头旋儿卷曲方向的影响，大多数人头发容易蓬起！

吹右边头发时，从发根到中间一边向脸的方向拉发片一边吹就可以了。这样就能与发流自身的力量保持均衡，不听话的头发也会听话地向下垂落。

 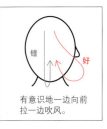

有意识地一边向前拉一边吹风。

最后呈现的发型完美与否，脸周围的造型最关键
顾客非常满意的前发的变化

在掌握吹风造型的基础技术上，再学会处理前发的变化就如虎添翼了。顾客觉得"很相配"、"很喜欢"时，大多是看前发。

针对50岁以上的顾客

短发+前发下垂打造出高雅、休闲风格

为了不让拉到前额的头发发根产生很强的蓬松感，要躲开发根插入滚梳，做出发流感。

使用发刷的1/3做放射状

为了让发流能放射状散开，要分小片取发片。用滚梳长度1/3的地方卷发束，不要一梳子就做出发流。

针对20~30岁的顾客

用电热棒打造出华丽女人味

颈背部头发也装饰前发

长发时，从前面看去颈背部也是"前发"构成的一个要素。向前做出松松的螺旋卷。侧发和头顶部的头发向后卷，增强华丽感。

Q. 空心卷/带电的空心卷（curler）与电热棒（iron）的使用区别是什么？

A. 空心卷比电热棒的发卷表现力强。有略微蓬起的华丽感。Iron做出来的头发很规矩。一定要区分使用。

自然保守的鲍勃发式

针对30~50岁的顾客

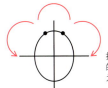

把从额角拉出的发片立起尤为关键。

把侧发和前发的立起做到位，得到的就是这个发式了。

侧面发片向上直拉，加点力把发根立起，做出发流。

前发也向脸侧拉发片，拉到45°后再吹干。

侧发向后打造冷艳华贵风格

针对20~40岁的顾客

发梳的用法
为了使发流向后，在发根处横向插入滚梳，到发尾处渐渐变成竖向。滚梳要确实卷牢发根做出发流。

将鲍勃发式打造出雅致高贵风格

针对40岁以上的顾客

通常的情况下，将内侧头发翻到表面来，做出发流。

发梳的移动
在发根处几乎直立地插入滚梳，一边向前拉，一边加入强拉力。这时应该感觉着拉力向后拽，然后抽出滚梳。

把风给足

要想固定滚流，就要像照片这样在插入滚梳卷上头发的状态下，长一点时间吹干，然后彻底降温。

最终在整理上见功夫的

发式造型技巧

URESTA！通向发型的"终点站"！

剪发完成，吹干完成，下面只剩发型整理了。且慢！最终的造型和细微部分的设想已经有了吗？URESTA因为通晓发型的"终点站"，所以非常棒。

Hair design_tomohiro kobayashi[kakimoto arms]hair color_sachiko kawamoto[kakimoto arms]make-up_megumi okada[kakimoto arms]photo_kei fuse[JOSEI MODE]

决定发式！
没有无用功！
漂亮！快！

终点

后边波浪的起点位置在耳部的高度。
设想的发型很具体！

 又长又直的头发啊！先吹一下吧。

无计划

发型师

 终点

头顶部想打理出蓬松感，因此向上抬高电热棒卷发。

目的明确！

发型师 **A**

终点

蓬松的波浪式中长发发型。
不要把头发立起。
不吹风也OK。
不做也可以的事就省略掉。

发型师 **B**

前发怎么弄才适合呢？一边抹发蜡一边摸索着看吧。

瞎撞

 做成什么样就是什么样的发型，无用功多，完成度低，慢。

技术、解说
小林 知弘/1976年出生，神奈川县人。山野美发专业学校毕业后，进入[kakimoto arms]。现在是该沙龙的青山店店长。

到达终点的发型一定要对细微部分也有设想！

像B发型师那样心中没有发型的最终形，即"终点发式"，就进行最终的整理，使前面一步一步的设计努力成为泡影。在本页我们看完"最终发型"后，再回过头来对每个设计关键点的发型技巧进行分解，学习A发型师的"为了这样设计，就要用这个技术"的方法。

成熟的波浪式鲍勃

有女人味、冷艳——彰显个性的发式

> 🚩 **完成造型**

什么是不显孩子气的鲍勃烫发发型呢?

以鲍勃的长度进行烫发的发型容易让人想到"休闲"、"可爱"。但是,这个发型完成后所具有的"女人味"、"冷艳"等成熟发型的关键因素是在哪个分区进行设计的呢?

最终整理

如果你看不出以下3点,就不能到达终点!

这里的设计是"成熟"的关键

 成熟但不显老

"分缝儿"

斜向拉过来增加前面的发量。

 大家都向往的像外国人的造型

"波浪的开始位置"

后面低,脸周围高

 不显幼稚!

"发尾"有重量感

虽然有动感呈现,但是不显厚重感的卷发造型。

下一页查看过程 ➡

case1

① 分　缝　既不显老而又成熟的关键点

before

向前斜上的鲍勃发型。发质、发量都一般。从中间到发尾有微微的卷发。

确定分缝位置

从头旋儿到头盖骨的位置

吹干到八成左右之后，确定分缝位置。如照片所示从头旋位置有圆弧的部分斜向分开，这样前面的发量适度，设计确定。

对　　　　　**错**

设想定格　实际做一下型看看

分缝后，确定前发如何做。这时如果发流向后，会显老成。因此，按照自己的设想大胆地操作看看，比如打造出发流向前的发型。

发流如果向后去显老气

涂摩丝

按想要隆起的方向往回抹

从发尾向发根方向一边往回推一边涂抹烫发后用的摩丝。

最终整理

按照逆向梳理要领

用手指捏起头发，从发尾向发根将发束往回拉。表现出立体感和空气感。

最终整理

一束的效果！

把右侧脸部轮廓线的发束拉到脸的内侧做一个弯（左侧），通过脸内侧发束，表现出发多一侧向外的动感。

设计重点

---

② "波浪开始的位置"和"发尾"

像外国人！显得成熟！

对　　　　　**错**

涂摩丝　往上抬

用手掌触摸发尾，将头发向上抬起似的涂摩丝。切忌从发根向发尾用手指梳理，否则，发卷的弹力会失去。

发型定型罩靠近

从隆起的部位开始吹风

从烫发后隆起的部位开始非常关键。为了让隆起的"R"的形状显现，一边用手掌抬起发束一边吹风。有意识地用热固定形状！

从隆起的开始位置用发型定型罩

设计重点

顺着脸周围抬高！！

波浪开始的位置要从头后部开始到脸部周围一点向上。要表现"像外国人似的烫发"风格。这样的操作是铁定的规则。

发型定型罩怎么操作

把头发放在发型定型罩上吹风，不仅头发有弹力，隆起的部位也不会掉下来。用发型定型罩能表现出有重量的动感。但是，没有发束感。头发容易散的时候，用手将头发托起吹风。这次是用前者的方法。

想表现弹力的时候　　发束感出不来的时候

最终整理

从外轮廓线飞出的头发

一边松开波浪卷一边做出一些外轮廓线飞出的发束，适度地表现出随意感，能够强调有重量的动感。

错

脸部周围不露出来！

在鬓角部分把头发立起，从脸部轮廓线开始，使头发离开脸部，这也是显老的原因，需要注意！

case 2

本季节
长发的卷发

永远的定式
——细微处见技巧

**完成
造型**

今年的卷发与过去
有什么不同?

止因为此发型流行久远，每个季节都有微妙的变化，
如果抓不到变化，长发的卷发就显得老土。这个完成的
造型表现出来的"现代感"的设计理念的关键在哪里呢?
细微处有很多启示。

最终整理

如果你看不出以下3点，就不能到达终点!
这里是设计"现代感"的钥匙

1

**必须! 有立体感的
头"顶部"**

头顶部有重量感的长发
今年不太流行。分缝时界限要
模糊。

2

**低层次长发发型呈现
高贵气质**
呈现出头发的厚重感。

3

**即使有发卷
也绝对要有"表面的
通透感"!**

用电热棒把头发做成波浪
的技巧最适合表现通透
感。

下一页查看过程

case2

0 "吹风" 从这里开始，脑子里有完成的发型的设想！

before

低层次长发发型。发质、发量都一般。头发干涩，略微外张。

再一次打湿发根

吹风前的技巧！

吹风的目的是从发根牢牢控制发流。头发八成干后，再一次在容易干的发根处喷水，最大限度地发挥吹风的效果。

吹风

量感的大、中、小

哪个部位需要产生量感，哪个部位不需要，最最关键的是在吹风造型时如何控制发束的角度。

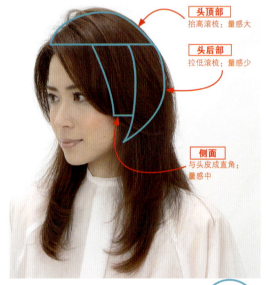

头顶部
抬高滚梳：量感大

头后部
拉低滚梳：量感少

侧面
与头皮成直角：量感中

错　但是

量感错的位置

前额两侧有头发的地方绝对不能抬高，因为这样会显老。

设计重点

---

1 "头顶部" 必须注意的关键点

冷风

完美的隆起！

吹风时抬高滚梳卷起头发至头顶部。吹风机吹热风后，切换成冷风牢牢固定抬高的头发。这是表现头顶部发量不可缺少的技巧。

个别部位使用电热棒

平卷

为了让头发蓬起，在发根处插入电热棒，然后从头发的中间至发尾打造波浪造型。

头顶部

越过分缝平卷

头旋部位使用电热棒

还是平卷

与分缝的地方相同抬高发刷。"希望有发量的时候＝平卷"，这是包括做其他部位在内的铁定规则。

完成的造型

包括头顶部在内的使用电热棒后的状态。可以看出头顶部已呈现出立体感。

最终整理

用手指夹住，拉发束！

用食指和中指夹住表面的发束，平行地左右错开的同时，稍微调整立体感和量感。

设计重点

②+③ "造型"与"表面的通透感"

使用电热棒在低高层次长发发型中呈现轻盈感!

在侧面使用电热棒

错开开始位置

脸部轮廓线侧面按照照片这样从下颌骨位置开始打卷比较现代感。靠近耳朵的第2束从第1束的发尾位置开始打卷。两个卷都往前螺旋打卷。

定好侧面的设想

看一下实际造型

针对侧面的卷发考虑头顶部发束的卷法。如今流行侧面的头发向后流动,看起来轻快。照顾与脸部的平衡关系,调整卷的高度和角度。

在侧面表层使用电热棒

做波浪的技巧!

为了做出造型的通透感,取发束做波浪卷,用电热棒做平卷。平面太大显得发式太旧。要做出通透感,这样做很有效。

> 按照做波浪的要领打造出通透感!

在头后底部使用电热棒

有隆起感的平卷

保留高层次造型的"隆起的"厚度,为了做出显现"A"形的构造,后颈部的发束平卷。设想的结果如下面的插图。

对
平卷后的外轮廓线看起来呈"A"形

平卷虽然在高处产生不了强卷,但是能够表现发尾的厚度感。颈背部的上方做竖卷。

错
竖卷的话,纵向的外轮廓线太细长

在头后部内侧使用电热棒

中间凹进去的螺旋卷

如果不让中间部分凹进去,不但不能强调基底平卷发的厚度,上面做的通透的表面也前功尽弃。所以用电热棒做的卷发方法需下工夫。

中间凹

设计重点

看! 就像这样

希望凹进去的高度位置用电烫使之凹进去。

设计重点

在头后部表面使用电热棒

做波浪卷的技巧!

与侧面的表面一样,头后部表面也按照做波浪卷的要领操作。做出通透感更加显出现代。

对

错

最终整理

这次希望表现出表面的通透感和随意的发卷,从外侧往下梳理再涂上发蜡的方法是错误的。应该从内侧用手指往上抬,两手就像说"拜拜"那样摆动着上发蜡才对。

终点

想象着终点的样子施展"技术"!

做发型最重要的是应该在设想出发型完成后的样子之后开始行动。不能没有明确的目的,纯粹"照着镜子吹风"、依赖技术"做均等的发卷"等。从今天开始,先明确地考虑到目标的发型,再带着目标开始打理头发。

选择发型定型剂的基础知识

现在到了发型技术最后的一个壁垒了。决定发质和发型的定型剂是你最重要的伙伴。掌握各种各样用剂的特点，找出最适合的一个。关于选择技巧，我们请教了MINX的大山幸也。

illustration_Mayuko Sase[A.K.A.]

1 关于定型剂 自认为知道 Q&A

每天都在使用定型剂。选择的时候是不是已经模式化？重新审视基本的知识，也许该以新的视角选择定型剂！

PROFILE

技术解说/大山幸也
［MINX］
Oyama yukiya ○1972年出生。山口县人。从东京MAX美容专门学校毕业后，在一家店工作后进入［MINX］。现在是中心店的代表。是该沙龙 "S pro" 部门烫发最高负责人。

Q 应该 "根据什么，怎么考虑" 来选择呢？

A 按发质→质感→设计 的顺序缩小选择范围。

客人最重视的是头发摸起来的质感。所以首先要考虑最终的质感、用剂的厚重感（油脂含量和水分含量）。然后，考虑如何展现修剪和烫发后的设计。

打造质感

根据发质和完成形象，打理质感，调整质感的厚重度。
（油脂含量、水分含量等）

决定基础剂

设计

在修剪和烫发的基础上决定头发的流动方法和质感。
（干或湿、柔软或硬等）

决定定型剂

印象

是要自然派还是完全造型派，确定发型的印象。
（保持力的强弱）

选择固定剂

Q 发型定型剂有很多种类，怎么分？

A 按大类分为：
基础剂 定型剂 固定剂 3种

打造发型从控制头发质感开始。
①打理质感用容易产生动感的基础剂（油、护发系列的膏等）。②打造动感和质感的定型剂（发蜡、摩丝喷雾发蜡等）。③保持设计的固定剂（喷雾定型剂等）。每一种都由于油含量、水分含量、保持力等不同，效果也不同。种类非常多。

主要的发型定型剂的特点见58页。

Q 几种定型剂组合使用的技巧是什么?

A 做发型是加法。

要考虑好为了什么,
哪里需要。

定型剂叠加使用,质感油腻,显得厚重。应该充分考虑定型剂的成分,组合使用。例如基础剂的油性过大时,定型剂就用喷雾等轻的东西。另外,没有必要的地方绝对不用也很关键。只要接触一点,定型剂也会牢牢地粘在头发上。

Q 护发系列的发油
　　能作为定型剂使用吗?

A 没有固定作用,

但是,可以作为打造质感的基
础剂使用。

如今追求自然的发式很多,只在打理基础阶段就完成发型的很多。发油是打理发质的定型剂(基础剂)之一。有光泽的专业护发的发油常作为不需要固定的发型剂使用。

这个组合怎么样?

护发油 ＋ 护发油 ＝ ?

类型 ＋ 展开 ＝ ?

Q 选择定型剂最关键的是什么?

A 基础剂的
选择方法!

基础剂的选择是否合适,会直接影响最终的发型,因此,重点是要弄清楚发型剂的轻与重。充分考虑你想做的设计与客人的发质,决定发型剂的轻重。那么,为了让客人感觉到"头发漂亮了",打理出质感也是不可缺少的。

小技巧 定型剂要用手指与
手指之间涂抹!

要到这里!

把定型剂抹在手上时,不是手掌上,而是要涂抹在手指与手指之间。这样就能让定型剂到达头发与头发之间以及头发的内侧。

Q 客人说:"很快就变形了。"

A 不要认为定型剂就是
"做发型的东西"。

作为基础的修剪、烫发、吹风阶段,如果不很好地做出型, 再好的发型也不会长久。定型剂只是打理好发质和发型,并保持它的东西。过于依赖定型剂就会导致所剪的发式再现性低,需要引起注意。

这是基础发式

基础发式
到锁骨的中长发，向前发尾卷起2周的冷烫发。容易外翘，略有自来弯。头发干燥，发尾易毛糙。

在这里解说一下在沙龙工作中经常用到的剂型。即使是同样的发型，定型剂不同的话，质感和动感就不一样。

喷雾发蜡

（特点）
因为支撑到每一根毛发，头发不粘连，能够打造出空气感。如果想看起来没有抹东西或者要保持基本型做出来的发型和质感，使用这个。因为很轻，适合又软又细的头发。质感干性。

并用的基础剂/护发油（湿时）

做出蓬松柔软的动感

要让烫过的头发再现发卷，吹干头发后，整体喷发胶。没使用基础剂。

发蜡

（特点）
希望表现卷发、发束感、发尾的动感时的细部制作使用这个。因为有塑造力，能够长久保持发型。很多发蜡油成分高，可以防止头发干燥。质感略重。

缺点/容易让人感觉到抹了定型剂。对于柔软、细发、不容易有量感的发质，因为剂重而塌下去，所以不适合。
并用的基础剂/护发膏或发蜡少量用（湿时）

很明显呈现出发束感和隆起的状态

完全吹干后，从中间到发尾涂抹整发剂。使用塑造力较弱加入带丝状的整发剂（fiber）不需要使用基础剂。

其他剂型的特点

膏（cream） 不发硬，有湿的质感。比发蜡塑造力低，易伸展，油含量高。

乳（milk） 有滋润和收敛感等的柔软质感。塑造力比较弱，作为基础剂使用。比膏的油含量少。

霜（mist） 基础剂。因为轻，多用于不需要厚重的发式和吹出的量感发式。

定型喷雾剂（set spray） 固定剂。固定已经用定型剂做好的发型和动感。

油

（特点）
控制干燥头发的毛糙，做出光泽。最适合由于热烫等失去油脂的头发。以有光泽的护发类为主，虽没有塑造力，但是对于烫发的造型和直发的整理，单用油就可以做出发型。

缺点/没有定型力。抹多了有厚重、油腻的感觉。

润滑沉稳的卷发感

在湿的状态下从中间涂抹上较重的油。吹干后，翘起来的发尾再抹一次。

摩丝

（特点）
希望强调卷发的波浪和头发弹性感时使用。因为富含水分，能够恢复快要直了的卷发波浪。有油的成分，使头发有光泽和湿的质感。塑造力弱的和强的都有。

缺点/没有空气感，抹多了变硬，有时看起来粘在一起。

并用基础剂/摩丝（湿时）

湿滑清丽的波浪

在湿的状态下揉入轻塑造力的摩丝。半干后再次涂抹并自然干燥。为防止头发的水分跑掉，注意不要太干。

(3) 根据发质和目的选择 发型定型剂产品目录

每一个客人、每一个发式最适合的发型定型剂都不同。针对客人里最多的四种发质，大山先生为了达到目标发型，选择了什么发型定型剂呢？这里的内容可以为明天如何选择定型剂作参考。

头发细、不容易立起的**软发人**用什么？

要点 ➤ 不易造型，做了型也不能持续长久是这种发质的难点。所以尽量选择喷雾式的发型定型剂是最基本的。不要选择产生厚重感的、油性比较大的、给头发产生负担的发型定型剂。

目的 1

希望做成发根立起，发尾有动感的发式

选择油成分少有塑造力的用剂很重要。用干性的硬发蜡将头发从发根立起，用硬质喷雾固定整体的动感。因为不希望有厚重感，所以大多不使用基础剂。如果用的话选择油少的霜类。

照片左侧由上至下：发蜡、超级硬质发蜡、优质发蜡
照片右侧由左至右：硬质喷雾剂、喷雾剂

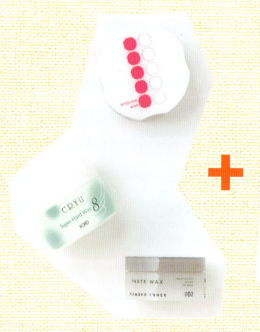

定型

基础摩丝

目的 2

有波浪感，希望保持波浪发型

头发软的人即使烫发也不容易保持，很快就掉了。选择柔和类的有塑造力的发蜡，再用喷雾剂固定动感。如果在湿的状态揉入作为基础剂的摩丝，就容易有发量感。

照片左侧由上至下：泡沫发蜡、定型发蜡、干式发蜡（柔和型）
照片右侧由左至右：摩丝、喷雾摩丝

头发蓬起，有自来卷儿的人用什么？

要点 有自来卷儿的客人为了利用本身的卷发，大多给头发染色，头发干燥的比较多。为了控制自来卷，锁住水分、防止干燥，基础剂和发型定型剂要选择油成分多的。要想控制自来卷儿，需要一定的塑造力。

目的 1

希望做出利用自来卷儿的自然发式造型

虽说是自然发式，也要既利用自来卷儿又要控制设计出来的发型。如果用发蜡太重，不能发挥自来卷儿的动感，所以选择塑造力中等的摩丝。摩丝可以给干燥的头发补充水分。

照片由左至右：柔和发乳、定型发蜡、卷发用泡沫定型发蜡、泡沫发蜡

目的 2

希望控制自来卷儿做出发型

如果是吹风就能控制的发型，油成分多的为好。选择留住头发内部水分，用油包住头发的有光泽类的发油等。因为要吹起来，所以不用太厚重的。发蜡也是轻质的油成分多的好。

照片由左至右：滋润发油、补水发油、直发霜、发霜2号、(上)啫喱发蜡

目的 3

希望做出感觉不到自来卷儿的烫发发型

因为在自来卷儿上烫发，所以要选择能够彻底补充油脂和水分的产品。如果选择油分多，又有一些塑造力的膏类的话，烫出来的卷儿就不会输给自来卷儿，也就是说烫发产生的卷发一定会比自来卷儿的头发漂亮。因为是吹干后涂抹，所以选择略微厚重的产品。

照片由左至右：卷发用发乳5号、滋润发乳、护发发蜡MC、软管装发乳（天然型）

不容易做卷儿，直发的人用什么？

要 点 ▶ 直发客人的烦恼首先是不容易做卷儿，再就是没有柔软的感觉。很多客人选择烫发，但是也有希望保持直发的客人，关键要能猜到客人喜欢什么样的发质（希望什么形象）。

目的 1

即使是直发，也希望有动感和发束感

如果是短发，为了让整体动起来，选择硬质的有塑造力的轻发蜡。如果是中长发，为了做出空气感，选择能够控制每一根头发的喷雾发蜡，并采用吹风或用手指调整最终发型。

照片由左至右：基础发蜡、泡沫发蜡、珠光发蜡、硬质发蜡

基础

+

定型

目的 2

希望做成质感好，保持长久的卷发发型

不容易打卷儿的直发即使用电热棒做卷儿也容易很快消失。在头发内部选用含有固定头发作用的角质类的基础剂，牢牢地做出卷发，再用硬质喷雾固定。

照片由左至右：卷发用喷雾剂、硬质卷发喷雾剂、卷发喷雾剂硬质型、泡沫定型剂

目的 3

希望做出直发特有的滑爽的发型

塑造力不需要。用基础剂调整光泽感和质感。粗发的人选用较重的膏或乳剂类。细发的人最好选用提高光泽度的霜或喷雾。另外，把握客人追求的"滑爽感"的程度也很重要。

照片由左至右：基础乳剂、管装发乳、定型霜、定型滋润水、基础剂

轻

重

将受损的头发做成"让客人高兴的发质"时用什么？

要 点 最重要的是要知道"因为什么受损"，这样就能够选择最适合的发型定型剂。这里要重视发质的整理。发质调理好后，即使不依赖定型剂，也能让做出的发型很好地表现出来。

目的 1
由于染发受损

头发内部留有水分的话，头发颜色会很漂亮。油脂过多的话，发尾的颜色会发暗。应该选择油脂少、头发干了以后也在内部留有水分的乳类或霜类剂。另外，防止紫外线照射褪色的UV阻断产品也对受伤的头发有效果。

照片由左至右：UV喷雾剂、UV发乳、柔顺滋润水、滋润水、养护霜

目的 2
由于冷烫受损

烫发造成头发发硬或者毛糙。首先要将头发的光泽做出来，然后让客人用手指摸的时候感觉不到头发受伤。制造一个保护头发内部水分的环境。选择油脂多的基础剂进行烫发，一定会产生最佳的效果。

照片由左至右：护发泡沫、卷发用发乳、营养发乳、定型发乳1号

目的 3
由于热烫受损

热烫从头发内部损伤头发。因为头发形状是烫出来的，所以定型剂不用塑造力强的基础剂就可以。选择发挥烫发效果的轻质的补充水分的保护性剂。头发受伤明显的话，在发尾处再加一些重的发油。

照片由左至右：护发发蜡、护发霜、高级精华素、速效发乳

永不失败的 简式烫发技巧

烫发过度或过轻都不行。

但是要想达到顾客期望的"刚刚好"的效果是非常困难的。

Scrap Balance(大阪·心斋桥)美发沙龙的西池润一却可以每每烫出"刚刚好"的烫发发型，在大阪凭借这项技术牢牢地抓住了顾客的心。这项技术的关键词就是：简式方法和螺旋形卷。

大阪的烫发高手

西池润一
Scrap Balance

Nishiike•jyuniti/ Scrap Balance美发沙龙代表。生于1966年。毕业于NRB日本美容美发专科学校。就职过多家美发沙龙店，1994年设立Clou美发店，1999年设立Scrap Balance美发店。以美发沙龙、讲习活动为中心，还活跃于电视、舞台等发型设计等领域。

西池的烫发统计数据

烫发比例：	50%~65%
沙龙整体烫发比例：	45%~50%
每年参加讲习活动次数：	60~70次

常年保持烫发发型的顾客占七成左右。稳定的烫发比例源自永不失败的简式烫发技术和理论。沙龙整体烫发的比例也充分说明了这一点。

③个要点

1. **"有灵活性"**的烫发发型，在家中也可以轻松打理发型。

2. **"简式烫发的构成和组合"**是永不失败的技术。

3. 超人气的设计理念永不失败的理由是客观的观察视点，这是发型设计中必不可少的要素。

西池润一的观点
受欢迎的烫发技术：

烫发不是目的，而是为实现满足并适合顾客的造型设计的一种手段。因此，尽量简化技术会达到更好的效果。从容的心境可以让发型师保持技术水准的同时，能够用客观的眼光完成发式造型。

还有一点要注意的是，造型设计需要有一定的灵活性，没有什么比每天都能让顾客对自己的发型充满自信好的事。与利用吹风吹出造型相比，顾客更愿意接受可以在家中轻松打理变换发式的烫发。不要让顾客每天重复同样的发型，那样会让顾客产生腻烦和紧张的心情。

这样打理、那样打理都很可爱！

可以灵活打理、变换发型款式的烫发发型

螺旋形卷发法 × 中间卷发法

卷发方法决定波浪的特征

从发尾开始卷杠
→发尾处发丝易堆积重量
发束中间开始卷杠
→发卷均衡

平卷	表面有质感，易形成卷发的立体感
竖卷	有立体感，卷发保留束状形态
螺旋卷	有立体感和空气感。发束的发卷交错加强波浪卷的强度感，也可以打理出松软的卷发造型

■ 平卷方式和螺旋形卷发法

平卷 ◀ ———— ▶ 螺旋形卷

发杠直径
■26毫米
■23毫米
■20毫米
■17毫米

塑造型和发流的同时来表现整体面

整头用低角度，从发尾开始以平卷方式卷2周。在发尾烫出松软的卷发造型和发流。结果是卷发没有立体感，感觉表现的只是一个面而已，即使再精心设计，仍然难以打理变换的发型款式。

有立体感的发束相重叠形成空气感

头顶部分区用高层次提取发束，头中部分区用低层次角度提取发束，从头发的中间开始做螺旋形卷。头下部分区平卷。这样的卷法让发型呈现出波浪的立体感，重叠的发束空气感十足，有量感的发型也充满了轻盈飘逸感。

发杠直径
■17毫米
■20毫米
■15毫米

■ 螺旋形卷卷曲度大！

全部打上摩丝 ◀ ———— ▶ 发尾处打发蜡

吹干左侧发丝后涂少量发蜡，在发尾处形成动感。

右侧在呈现了量感的重心状态下涂上发蜡和摩丝，然后吹干头发。

发杠直径
■23毫米
■20毫米
■17毫米
■15毫米

如图所示发卷相同的左右两侧由于打理方法不同，形成了不同效果的造型。卷杠的操作过程在头顶部以90°角进行平卷，下部分的发束从中间开始做螺旋形卷。螺旋形卷发的特点使发型具有灵活性，更易打理。

螺旋形卷发法 × 中间卷发法在整个发型上打造动感，

顾客在家中可以轻松打理，

完成各种不同的发型款式！

以螺旋形卷发法 × 中间卷发法为中心 由简式构成的方法形成的烫发

首要问题

Q: 插图 1 ~ 4 分别表示了不同数量、大小以及形状的波浪卷。
哪一个图示的波浪最有波浪感，最适合应用于烫发发型上呢？

❶

❷

❸

❹

头部仅有一处弯曲而成的大波浪卷。

较大的波浪重叠相加而成的烫发。

小波浪卷，多且重叠相加。

纵向连续的细卷。

**A:② ** 我们在日常生活中观察顾客的角度、眼光与在美发沙龙里不同，在为顾客做发型时要充分考虑到这个因素。图2的波浪大小程度正合适，从远处也可以看出是经过烫发的发型。图1的波浪太大。图3的波浪太多，没有立体感。图4的波浪细小，从远处看时几乎是直发。

还要掌握的问题

刚烫好的发卷应该比期望的卷度大且长，轻度波浪卷更易于平时的打理，轻松变换发型款式！

用尺寸相当的卷杠	**用尺寸稍大的卷杠**
平卷 × 中间卷发法旋转1.5周时	螺旋形卷 × 中间卷发法旋转2周时

烫发部分有一定的长度，螺旋形卷 × 中间卷发法

仅在发尾处烫出 1 个卷儿的设计

发尾也可以形成 1 个发卷　　松软的卷发

有些顾客喜欢仅在发尾处烫出一个卷儿的烫发发型，但这种发型的波浪排列很难形成。而且顾客再次来店修剪时，发尾的卷即会被剪掉。

松软的波浪卷大且长，打理发型时容易调整波浪的大小和强弱，形成不同的发型款式。而且，烫发部分有一定长度，质感柔和。顾客再次来店时，可以设计保留烫发部分的剪发发型。

illustration_Mayuko Sase[A.K.A.]

**卷杠时取每一份发片的量稍厚一些，烫出松软的波浪卷
虽然是简单的操作，但可以制造出不同风格的大波浪卷**

头顶部 / 前额

稍微产生一点儿量感就可以表现出动感和束感的部位。在想形成量感的部位拉出发片，从发尾开始平卷。
发杠直径：■26毫米

基本发型

造型由波浪隆起部分与发卷数量构成。为形成束感最大幅度地取发片，使用粗发杠，实现柔和有动感的波浪造型。

侧面

> 从头顶部开始的下部全部螺旋形卷发×中间开始卷发

脸周围的造型设计，用拉起发片的角度来调节。上段角度向上，下段部位角度向下向脸部的方向拉出发片，从发片中间开始做螺旋形卷。波浪形卷的位置如图中○标记那样分开，显露出修长的脖颈。
发杠直径：■26毫米 ■23毫米

修剪重点

轻烫即可。
烫发后修剪波浪

在想形成波浪隆起的位置入剪，与基本修剪的切口平行打薄发丝。剪短的发丝使波浪卷发突出部分更明显。图片上是烫发前的湿发状态。从图中可以看出在湿的直发状态下，稍弯曲的发丝也可以形成微微的发卷。

头后部

头上部、中部、下部区域，不移动发杠位置做出空气感。全部以低层次角度，从发束中间开始做螺旋形卷。对应想要烫出发卷的位置像图中○标记的那样，变换拉出发束的方向。

2 用简式烫发构成的组合
扩展发式造型

螺旋形卷 × 中间卷发法 ＋ 向后卷 × 向前卷发法

在基本发型中做向后的卷杠，可以增加发型的灵活性。向后和向前卷发方式组合，纵向重叠卷杠，各发杠之间留出空间可以更好地调节出发丝的质感。

侧面

头后部

脸部周围上段向前卷杠，下段向后卷杠，在下颌到颈背部与发丝之间留出空间突出脸部容貌。头盖骨部位高角度提起发束在发根处打造出蓬松的量感，在发尾处形成飘逸散漫感。

头顶部位拉起发束与头皮成90°角平卷。剩余部分全部以低角度拉起发束从中间做螺旋形卷。头上部、头中部、头下部分区纵向卷杠，发杠之间无重叠，因此交错取发片。从上面开始向前、向后和向前方式卷发。
发杠直径：■29毫米 ■26毫米 ■23毫米

螺旋形卷 × 中间卷发法
曲线（立体） ＋ 平卷 × 发尾发卷
直线（平面）

空气感！！

烫发造型是动感部分（曲线）与非动感部分（直线）的组合。发型中留有非动感部分是为了衬托出动感的卷发。这里在发丝里层保留直发的部分并做螺旋形卷，使整个发型产生立体感和空气感。

直发部分

螺旋形卷

仅在头下部区域从发尾开始平卷。发根到发束中间保留直发的同时，中间到发尾部位做螺旋形卷。发丝内层保留了直发使波浪呈现出立体感。发卷之间留出空间可以更好地调节出发丝的质感。
发杠直径：■17毫米 ■20毫米 ■15毫米

直线
曲线（螺旋形卷）
曲线（平卷）

3 量感+空间感
运用视觉上的错觉变色控制造型

在日常生活中很难一直保持在沙龙中打造出的可以弥补头部骨骼及五官不足的发型。
这里介绍两种打造出量感的发式，轻松应对头发的烦恼。发型重点是打造出量感，在各个卷之间形成不重叠的空间感。

下颌骨宽的脸型

在下颌周围打造出量感，掩饰鼓起的腮部。下颌和发丝之间留出空间，突出下颌线条。在量感部分打理出无重叠的束感。

在脸部周围和侧面，从发束中间开始向前做螺旋形卷。
发杠直径：■23毫米

头盖骨大的脸型

头盖骨大，反而在头盖骨部位做出量感，让头发里的骨骼显小。基本发型和烫发部分之间留出空间，打造出蓬松的轻盈效果是其技巧。

头顶部发束垂直头皮90°角平卷。头盖骨部位从发束中间开始做一个向前的螺旋形卷。
发杠直径：■20毫米 ■23毫米

简式烫发技巧
Part3
培养客观的设计思维，
向顾客推荐最易获得认可的烫发发型

即使拥有一流的烫发技术，在向顾客建议烫发造型时若不讲究建议方法，或者建议的造型不能满足顾客的期望，都不能让顾客喜欢烫发。下面我们将一起学习西池润一的沙龙店 Scrap Balance 的烫发及建议的组合技巧。

向顾客建议需烫发的造型设计

1. 烫发不是目的，而是为实现满足并适合顾客的造型设计的一种手段。

2. 顾客喜爱的设计大多来自美发杂志。杂志上登载的发型又大多是波浪发型。

即使不结合1和2两点，越来越多的发型师也会向顾客建议需烫发的造型设计。

学习会

每月一次的学习会上发型师会带着他们的作品（适合大众的发型）来参加。学习会面向包括助理在内的全体员工。按照顺序一一讲评。

通过讲评，作品的作者可以获得自己没有意识到的问题点。比如，"这个发型太硬"、"那样的话可以更适合"，等等。

发型师常常会认为自己的设计是最客观适合的，然后强行推荐给顾客。事实上，应该向顾客推荐最易受到认可的造型设计。

学习会现场

11月份的学习会上获得第一名的作品。短的前发、空气感十足的质感、平衡度高的发型。

简式烫发技巧 Part4

在原有发型基础上打造适合的烫发发型

基本发型的实践篇。利用螺旋形卷配上中间卷发法的简单造型，打造出适合顾客的烫发发型。
卷发方法也非常简单！重点是波浪与量感、动感的组合。

造型前

剪

这是向前斜下造型的中长发，只在发型的表面加入了高层次（使用了高层次技法）。

烫

有立体感的烫发打造出发丝之间的空间感，重点是发型轻盈，看上去没有重量感是非常必要的，不用经常打理。控制脸部轮廓处的发卷可以达到收紧下颚略宽的脸型的效果，让脸部完美地体现出来。

头顶部

打造有空气感的量感。

向上拉直发束以平卷方式从发尾到发根。这个部位应该选择粗一点的发杠，卷出有量感的大波浪。

头上部区域、头中部区域

兼具量感和发卷的立体感。

这部分发丝全部从发束中间开始向前卷杠。发杠之间不要重叠。拉起发束的角度调节是关键。头上部区域角度稍向上抬起，头下部区域的角度向下小于90°。发卷自然垂落，不要移动位置。头盖骨部位处做一个向上大角度的卷杠，演绎朦胧感。

上发杠

发杠直径
- ■ 23毫米
- ■ 20毫米
- ■ 17毫米

细部

脸部周围

让脸型和脖子的轮廓更清晰

先意识到脸部周围想做发卷的位置再动手卷发。将发束向前拉伸，上段部分的发束角度要大些，下段部分的发束从中间开始向前做螺旋形卷，角度自然向下。

头上部

细部

脸部周围，侧面

细部

发尾

细部

头下部

发尾处打造出空气感

从发束中间开始，发杠角度低于90°，向前卷发。向下的发杠角度卷出的发卷与头中部区发卷拉开距离形成空间感和轻盈感。

造型变化！？

打理出强卷的可爱造型。在湿发状态下涂抹发蜡和摩丝后用吹风机从下向上吹。最后，再涂上一些发蜡，同时调整发型的平衡。

69

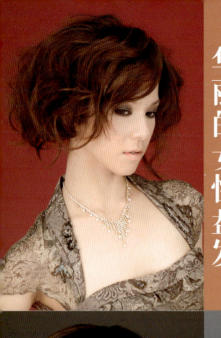

做出大蓬松爆炸感，
再小幅度调整。

电热棒最简单！
卷起睡乱了的头发，
随便打理几下就轻松
打造出美丽造型。

优秀发型师也是培训能手！

待客秘笈

让客人"轻松掌握"发式造型的建议

优秀的发型师用其特有的全胜造型法带给顾客极大的满足感！
"在家里时，每天这样打理就可以了……"这里介绍的就是能满足年轻女性心理的这些全胜造型法，即
"让顾客自己掌握"的造型法的建议。
优秀发型师同时也会是培训顾客的高手！ K-two 店的木村亚沙美小姐将为我们完全公开她的技术秘诀。

Hair design_ 木村亚沙美 [Ktwo]

Make-up_Megumi Kitago[Ktwo]

Photo_seiji takahashi [JOSEI MODE]

用力把前发抓成束状，
也可以提升形象。

**培训能手的
3 条原则**

1. 简单地用力拉！
不用详细讲解也 OK。

2. 因为……所以成为……
讲清楚理由和结果。

3. 调查顾客平时的整理法。
不需要改变时间和工夫的
方法。

教你 "卷发方法"

"上大学了，想挑战卷发发型！"
在每个沙龙中一定存在"想要长披肩卷发发型"的顾客。
下面介绍顾客自己使用电热棒时的技巧！

示范发型

"大把" 抓起头上部的头发，分为前和后两个部分

教给顾客一些基本的分区知识，但尽量不要使用像"up"或"part"这样略显专业的用语。

从顾客的角度谈论电热棒
——运用拟态语※和电热棒的标记！

※拟态语：表达视觉和触觉的语言。

卷发时要做到自己能看到电热棒的扳手及其翻卷的情况。

电热棒操作不是说如何卷发，而是以电热棒的一个部位为标记进行说明。
向前卷发时以看不到电热棒的扳手为准。

注意有些电热棒没有扳手。

抓起 "耳前的头发进行卷发"

不以发型师的视线而是顾客自己的视线为准。前提是看不到后面及侧面。

这是向后卷时的操作方法。在想出卷的部位插入电热棒，夹住头发 "一圈一圈" 地旋转，然后取下

没有经验的人会感觉电热棒操作很复杂，因此讲解时要简化，再简化。

一边看着发型样图一边自己动手做出的造型。设计上虽有很好的线条，但完全不懂电热棒的使用方法。

捕捉顾客自己打理发型的灵感

模特藤泽小姐属于那种看似没有使用电热棒的经验，但是悟性很高的人。她会仔细观察发型师做发型时的手式和说话的样子。这种类型的顾客每次都应教给她不同的发型打理方法。

了解顾客容易做的发型打理方法

——经常是"从上往下"、"大量涂抹"！

无论是什么样的发型剂都涂抹于从上到下全部的头发上，
这样的例子非常多。
这样使用会使发型剂发挥不出它的作用。
不是涂抹上摩丝，关键在于如何涂抹的问题。
这些对于发型师来说是常识，但大部分的顾客对此却不了解。

听听培训高手的用语

——有比正确传达更重要的事情。

"全部卷完后就取下电热空心卷"

传达时间概念时，一般会说"10分钟"、"30秒左右"这样具体的数字。但是顾客很难一边做发型一边计算时间，结果反而更糟。"全部卷完后就取下电热空心卷"，如此告诉顾客大概的时间更容易理解。
在和顾客的谈话中感知客人的"灵巧度"，计算顾客需要花的时间。

顾客及头发的数据

发量发质都属普通类型。有大的自来卷儿，头顶部平坦。从中间到发尾易蓬起。自己没有使用过电热棒，对打理发型有兴趣。

将摩丝挤在手上，手抓发尾使摩丝渗到头发上。

顾客的做法

样 图

用喷雾器从下向上喷，感觉像喷到头发里层一样。

样 图

顾客的做法

贴在头皮上的短发

打造发型的
蓬松感

无论是否烫发，为每位顾客打理出蓬松圆润
且有动感效果的发型都是个难题。
经过细致的打理，将贴在头皮上的头发和翘
起的头发巧妙地调整出一体感和蓬松感。

示范
发型

要活用客人原
有的打理发型
的知识

模特渡边非常在意"美丽＆头发"，这方面的
知识非常丰富。也有很多发式造型用剂，甚至
懂得倒梳打理头发的方法。要教这种知识和技
术兼具的顾客，最好利用实例。

培训高手会引导顾客
的思考能力
——建议用笔记录下专业的用语

"不要把发蜡涂
到头皮上"

"头发温度高时才能
固定成型"

教授发式造型的原理，不要直接告诉在哪个部位做
什么。顾客在实际操作时就能发现技巧。
把理由和结果清楚地传达更有利于顾客记忆。

顾客及头发的数据

发量少，发质纤细，整体没有量感。头顶部和头后部前发压在一起，
很难再现发型结构。非常喜欢打理发式且这方面知识丰富。但缺乏
通过图片发型打理发式的能力。

看着示范样图让顾客自己动手打理的发型，非常出色，但花费时间较多。

一下子使用这么多的发型剂会让顾客感得很担心。
打造短发或鲍勃的动感的场合，把头发打理出爆炸状，再涂上发型剂进行调整控制，这样的方法对于任何人都很简单。就把这个方法传授给顾客吧。

好像担心压坏上部的发型，用带着发蜡的手指抓着发束想形成蓬松感。但模特知道倒梳头发可以使后脑部的头发隆起，打造出蓬松感。

顾客的做法

示范

"用食指
第一个关节取发蜡"

↓

"像用肥皂一样
均匀揉开"

让顾客看到手中发蜡的样子。

顾客的做法

示范

要告诉顾客在用发蜡整理发型时不要犹豫地一点一点抓发束，大胆地用手大面积抓发束进行操作，实际演示给顾客看。

"将发蜡涂抹到头发上，
用手抓出爆炸状"

↓

"把头发做出夸张效
果，不必要的部位作
适当的控制"

做出菱形，
把这个动作教给顾客！

用手背调整颈背部的头发。这种打造发型张弛度的方法一定要教给顾客。

Case 3

可爱的鲍勃发型

教顾客打造自然感

打造出自然感不是什么难题……
像巴黎女孩那样，未加任何修饰又清爽可爱，
教给顾客这种形象的打理方法。
"无修饰痕迹"与"什么都没做"并不相同。

示范
发型

发式
样图

90%由吹干头发决定！
——对自然派要以吹干头发为主。

"向下，脖子以外的头发全部向前吹干"

为了让头发快速吹干，从各个方向吹风使头发的发流乱七八糟，难以打理出良好的发式。这时顾客往往希望通过发型剂定型，而不知道打理干发的方法也会影响到发型的打理。洗发习惯也分为晚上派和早晨派。

顾客的
做法

顾客及头发的信息

发量多，发质粗。直发，没有动感。追求自然感，喜欢自然形象，希望让发质看起来更美。不愿为打理头发花费太多时间。对使用过多的发型剂也怀有顾虑。

自己做的发式

自己根据样图打理的发型，虽然很自然但感觉是真的没有做过打理的印象。

一般的顾客是不喜欢在头发上涂大量的整发剂或利用大量的时间整理发型的。告诉他们"这么一弄，多可爱"非常重要。从简单处开始，让顾客觉得打理发型很快乐。

"喷雾器从下向上使用，在头发表层打造出蓬起的发束感，形成有外国风情的质感"

用手指尖取出发蜡打在头发上，捏着发尾调整即可

培训高手传授"一步可爱法"的技巧
——目标是每一次都有进步。

模特不想听那些需要花时间和工夫的打理建议，每次来店都学到一些不费劲就能马上取得效果的"一步可爱法"的要点，慢慢形成对头发造型的兴趣！打理变换前发很容易改变形象，这个技巧顾客很受用。

符合顾客的生活方式

模特须藤小姐一身休闲打扮，清新自然。看起来不太关心发式发型，因此给她打理发式的关键也是追求简洁，并且要给她传授不费时间和工夫的发式打理技巧。

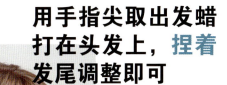

试着
自己动手做

如果顾客的发长与自己相差不多，就可以用自己的头发作试范。这样容易传达手式动作要点，让顾客产生"这个我也可以做得到"的想法。

K-two
1年发型师经验
铃木大地

特别敬佩木村！广受顾客的支持，希望能尽快赶上她。

在家里
是怎么做的

从这里开始向顾客作造型打理的建议。
传授家庭打理技巧的铁律是**尽量不改变顾客一直在这方面所花费的时间和工夫**。无论多么适合脸形或氛围，若方法与技巧需要花更多精力，就不要向顾客建议。

**新人传授
建议**

让顾客
"掌握"
的传授心得

作为出色的发型设计师初次登场与客人交流时，对客人来说你是新人，最难的莫过于目视着顾客传授发式打理和家庭打理技巧的建议。用专业语言简单明了地解释明白又是件难事。无论多努力的讲解都难以看到顾客立刻领会的样子。
那么，使用什么样的语言向顾客传授这些技巧好呢？

总之，说明一定
要简单易懂

绝对不能对顾客说"以 45° 拉出发束，用电热棒以螺旋状卷发"，这样说太过于专业。**"将上面的头发向前拉，倒着，再用电热棒卷发"**，这样说又太过粗略。粗糙打理很难成型的发式，顾客每天在家中很难完成吧？

自己试着做

在我们店里，即使是**男性发型师**也会在空闲时到后面的房间里**用自己的头发做卷发**的练习，就是为了体会顾客的感受。为别人打理发式与给自己打理是完全范不同的。特别是使用电热棒给自己卷发，因此最好是自己先亲自示范。

刻意离开顾客身边，远处观察顾客

发型师刚一离开顾客身边，客人往往会开始触摸自己的发型。也就意味着**这里有些不好啊！**要想了解顾客的心理满意度，可以先试着离开进行观察。

能联想出造型式样，讲清楚理由和结果

向顾客传授技巧时要把理由和结果都讲清楚，例如"打理出蓬松感可以呈现柔和的线条，增添女性魅力"，这样可以增加顾客**自己动手的动力！**要传授的发式技巧一定是要让顾客觉得会比现在更好看。

试着向前台了解顾客感受

和离开顾客身边去观察一样，**试着向前台了解顾客对发型的感受**。顾客一般不会直接告诉发型师对发型不满意，但可能会和前台接待诉说。想要了解顾客心理时，试着向前台了解可能是有效的方法。

"头顶部"到底指的是哪里？

对顾客说"在头顶部打理出动感"会让顾客产生疑惑。这时可以用**手接触**上部的头发，一边抓起发束一边告诉顾客"就是这里"。有些语言与同行的发型师交流时没问题，但顾客却难以理解。

从顾客的烦恼点出发

认真听顾客的烦恼，例如"早晨起床后蓬乱的头发真让人烦恼啊"。这时向顾客建议，对付蓬乱的头发与其再洗一次头发，不如用电热棒打理更可轻松过关！这种变换思维的方法有时会非常有效。

让成年女性更满足！

roppongi beauty salon

一流的待客之道和礼仪

充分学习技术知识之后，要提供整套优质的服务，待客之道和礼仪也是不可缺少的重要元素。
在这里，我们将向六本木美发沙龙的人气女掌门人小松比奈惠女士学习基本待客之道和礼节礼仪，以及提高目标成为一流专业人士的要素。

"那么，现在就开始提高待客水平吧。"带着这样的意志并把基本的事情都付诸于行动中，从这里试着再一次回顾以往的做法吧。

待客当然是有"道"的，视线是这样的，送别礼是那样的，等等。但是若把这些语言和动作都标准化了就很难打动人心。最重要的是真诚的笑脸和慰劳客人的心情。"请您稍等一下"，"谢谢您"，"您辛苦了"等用心说出这些最普通平常的话也是非常重要的。

拥有大量注重打扮且见多识广的成年女性顾客的六本木美发沙龙去年迎来了创办30周年纪念日。这家店多年来一直深受顾客的喜爱。向店里代表小松比奈惠询问有什么秘诀时，她的答案意外的简单朴素，"这没有什么难的。"下面马上开始学习从基本到应用的待客之道吧。

首先从"用心"开始

小松派

叮嘱的话
待客意识三原则

最重要的礼节是寒暄

和客人初次见面时、让客人等待时、目送客人时最重要的就是礼貌的寒暄。初次接触时的寒暄会一直影响到以后客人对发型师的印象。

小松比奈惠（komatu hinae）

1971年毕业于山野美发学校。曾师从发型设计师伊藤五郎并积累了丰富经验。1977年在东京西麻布开设了六本木美发沙龙。现在除西麻布店以外，在白金台、名古屋、美国檀香山都设有分店。除美发沙龙外，也广泛活跃于时尚杂志、广告、活动、演讲会等场合。广受女星和名人的大力青睐。

随机应变

比如声音大小，有时需要大声，有时必须小声。应该注意不要完全照本宣科，而是应随机应变地招待。招待成人顾客就要弹性应对。

不要让客人有不安感

很多客人都是从理发店里才开始对自己那些成人特有的发质产生烦恼的。不让客人胆怯，给他彻底的自信吧。

六本木美发沙龙待客之道和规则

这里讲述从客人来店到离开在店内的整个过程。再次学习接待规则和待客要点。

Start

预约时

接电话时想象着对方的样子。

电话中给人良好印象！

接到新客人来电时必须明朗礼貌地应对。低沉的声音会给人沉闷的印象。说话应该加以注意。低头看预约表时声音可能会不清楚，对此也要特别注意。

来店前

第一印象很重要

诚恳是待客礼仪的一项。迎接客人前先确认自己的仪容仪表。要让客人有信任感，首先要向他展示自己整洁的仪表。

需注意的仪表：

□ 发型整齐不散乱？
□ 没有烟味？
□ 行走时鞋子没有噪声？

进店时

"欢迎光临！"

注意随机应变，应该大声说出欢迎客人的用语。面对面时身体面向客人会给人留下好印象。但是正在接待其他客人时不能特意中断与那位客人的对话，为这位客人做头发时再向客人作解释就可以了。

轻轻点头送别客人即可。以明朗的笑脸迎接客人。

称呼客人名字

接待客人时初次称呼并记住客人的名字。做头发过程中需要请客人等待时，先称呼名字再说"请您稍等一下"，会给人亲切的印象。

送别礼时
点头角度不要过大

送别客人时应点头致意，但角度不要过大。行礼角度过大会给人死板的感觉。

引导客人时

用手引导客人

请客人移位时应该看着指引方向用手势引导。手心伸展开手指并拢，手腕与地面平行稍向上形成优美的动作。

在客人身旁招唤客人

招唤客人时，应走到客人身旁再出声。远距离大声唤客人会给人粗暴的感觉，也会影响其他的客人。

动作轻缓

从操作台向洗发台移动时，应在客人前先确认洗发台是否干净，回到操作台时也要确认椅子方向是否方便客人落坐，客人坐下时应扶住椅背。

操作后半时

关键词"还好吧？"

独自一人时间较长时客人会产生不安感。比如想去卫生间而身旁没有店员时会感觉到难处。这种时刻说声"还好吧？"让客人感受到未被遗忘的安心感。

接下页

操作中的谈话

一般要使用敬语，表示谦虚

粗口绝对不行，突然使用简语也不好。但是对于老顾客，为了表现亲近而使用简语也会有良好的效果，但要注意分寸。

谈与美发相关的话题时，必须使用敬语

无论与顾客多么熟悉，在交流发型设计等与美发相关的话题时必须使用敬语，以专业而认真的态度让客人产生信赖感。

此时用语举例：

过了很长时间了，还好吧？

还好吗，不热吧？

"嗯?"
不要忽视掉客人疑惑的瞬间。

客人用手镜照看发型的瞬间，发型师此时不要看客人的发型而要看客人的表情。客人表情阴沉立刻提出什么问题时，认真地向客人说明给客人信赖感。

在操作台前，通过手镜观察客人的表情。

↓

用镜子确认表情

虽然不满但却不会提出的客人常常是因为触动了他在意的地方，不要逃避这种情况，迅速询问客人是否需要"再修剪一下吧"，再次与客人交流了解客人的要求，得到客人的认可后才完成。由客人确认发型是否圆满完成。

完成时

不要忽视掉客人疑惑的瞬间

为客人完成漂亮的发型后，客人照着镜子未说话时，发型师应先自信地赞美客人。无论什么地方找出优点赞美以消除客人的不安感。但是不要作无根据的赞美。

送别时

最后的送别礼仪有讲究

为客人递送外套或上衣时加一句"这是××的外套"，并动手帮助客人穿上。最后的送别礼仪比迎接时还要讲究。即使这位客人不会再来店里，让周围的客人看到"这般礼仪送别呀"，给人良好的印象。

Goal

怎么样？上面所讲的这些内容，是大家平时一直在做着的迎来送往的事情吧。但是不要养成"习惯性"，每一次的语言行为都非常重要，慢慢会形成品质的差别。带着"热情招待客人"、"让客人变得更美丽"这样的心情，就会提高语言和行为的"质量"。

要确认

不能误会的错觉

接待成年客人时
错误的意识

这里总结一些接待成年客人的礼仪上的错觉。

不是心理安慰的空间，而是女星登场前的后台

不能忘记成年客人来到美发沙龙希望能够变得更漂亮的切实目的。而美发沙龙说到底就是销售美发技术的场所。服务有两个目标，常说的"心理安慰"也是服务的一个环节。有一部分客人就是带着"消除头发烦恼"的目标来到美发沙龙的。

↓

小松小姐把美发沙龙比作"女星登场前的后台"，紧张气氛下制造出美丽效果。在店中可以看到每位店员都在为了客人的美丽而紧张忙碌的真挚场景。

过分的做法会产生反效果

生硬的敬语或死板的举止会产生反效果，让客人感到不知所措，产生负担。而且夸张的敬语有时会让人产生低下感。即使不精于说话技巧，带着诚意的谈话也会让人愉悦。

不同于护理的招待

细心照顾年长的客人，但要把握分寸，不能给人受到特别护理的感觉，如果那样会伤害客人的心。这里是美发沙龙，客人为美丽而来，但要避免过度照顾，要以温切关怀的姿态接待客人。

接触文化知识

体会并吸取书本、音乐、电影中的精髓，提高自己的素质与修养。这些东西不仅能成为与客人交流时的素材，从中掌握的词汇也会提高与客人交流谈话的质量。

再提升一步！

待客之道和礼仪相关的其他内容

优质的待客之道和服务……
走出美发沙龙，到处都潜藏着教材。
参考小松女士的方法与技巧，明天从何处开始着手呢？

试着听听自己的脚步声

同样的高跟鞋穿在有品位的女性身上也会发出有品位的声音。在店内走一走，试着听听自己的脚步声。如果发出刺耳的声音，那么这样的走路姿态也会给人粗杂的印象。

在环境上下工夫

阅历丰富的成年客人会从细节上判断美发沙龙的档次。品质上乘的沙龙即要在物品摆放、挂画、音乐及所有的陈设上下工夫，目标是成为高敏感度的沙龙。要知道店中的每个细节都会决定整体空间的品质。

了解社会上的时事

谈话话题涉及到近期的新闻事件时，如果发型师对此完全不了解，会让成年客人失望。随时带着好奇心了解社会时事和动向可以避免与客人交流时的尴尬。

和美发师以外的人交朋友

和不同领域的朋友聚会是接触不同的生活和思维方式、最佳感觉等多方面体验的珍贵机会。不仅是美发圈，要在与各种各样的朋友交往中磨炼自己。

感受来自他人的优质服务

去美发沙龙以外的场所感受别人的优质服务，自己换位成客人学习别人如何为客人提供优质服务。可以选择到酒店或高级餐厅、酒吧等去体会学习。

最后……

优质服务的目标是
让顾客心中充满爱

我对店员的要求是每周做两次美发技术练习，我也希望以同等的时间让店员通过各种各样的体验磨炼为人处世的能力。

待客之道和礼仪中最重要的还是为人是否成熟，是否用心地去做每一个动作。如果用心，很多细节的事情都会是在无意间完成的。事实上，怎样服务顾客都不如对任何事都发自内心地赞美更能让顾客产生良好的心情。

成年人有着成年人特有的成熟美丽。我有义务通过接触向顾客传达这一点。给那些因为年龄增加而心生胆怯之心的顾客以勇气。让他们体会到来到美发沙龙的乐趣和发现自己的人生意义，他们的存在是唯一的、不可替代的。

毛发科学

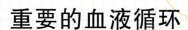

简洁明了地向客人介绍这些知识。

头皮

头发的健康来自头皮。学习改善头发健康要点,向客人建议保养头皮

客人的疑问

保养头皮很重要吗?

STEP 1 重要的血液循环

头皮里的血管负责给头发输送营养。
头皮血流不畅时,就会影响头皮和头发的健康。
血液循环方向从后向前流动,因此头后部的血液流动不畅时,营养就很难被输送到前面的头发上。
为了避免头部血流不畅,保持身体的血液循环流畅非常重要。

[头皮血流不畅的原因]
紧张、疲劳、肩酸、寒证、头疼、内分泌失调、睡眠不足、营养不足、生活不规律、过敏等。

> 身体血流不畅随之将会对头皮状态及头发生长方式等产生影响。容易使发量稀少,营养也很难到达皮肤。

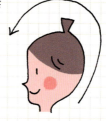

血液从后向前流动

身体不健康时血液向头部流动就会发生血流不畅的问题。

STEP 2 200倍显微镜下看头皮的主要状态

[角质硬]
健康状态。毛囊凹陷,透明且有弹性。

[黄色]
血流状态不佳(淤血),洗发过度引发炎症。

[红色]
紧张、疲劳、血液不畅的状态。

[青白色]
常用高温热水或刺激性强的香波洗发使皮肤变硬,神经麻痹,对高温热水不敏感,头发也难向外生长。

[脱发]
- 内在原因：过敏、血稠（血流不畅）。
- 外在原因：特别是敏感皮肤的人受到美发用剂或汗液的刺激及强紫外线照晒等综合影响。

[皲裂]
因过敏、紫外线、缺水等造成保护膜破坏。一旦失去保护膜，过敏、细菌、含合成洗涤剂成分的香波就会渗透到皮肤内随之形成皮炎。

[出现头皮屑]
角质多。用香波量少或未冲洗干净。擦洗过度使皮肤受伤。若细菌或汗液进入受伤皮肤，会造成白发和脱发现象。

头皮状态不佳又不注意保养时就可能会出现发量稀少、脱发、白发等问题。

在家中保养头发，在皮肤表面搭建一层保护膜对于防止头皮老化非常重要。

因此，首先从香波开始吧！

冲洗干净

不要用高温热水

不要用指甲抓

不要过度擦洗

强刺激性的香波会使皮肤干燥。
使用头皮用化妆水保湿是很好的做法。

对头皮有好处的香波使用方法基础

STEP 3

- 冲洗干净。
- 注意水温。不用高温热水。
- 不用指甲抓挠头皮。指甲中有细菌且易抓伤头皮。
- 不要过度擦洗。过度擦洗会破坏皮肤的保护膜。为了去掉皮脂而大量使用香波且大强度擦洗头皮时，因受到强烈刺激反而会产生更多的皮脂。

STEP 4

每天使用香波

必须每天清洗头发上的污垢。
不清洗掉污垢会使细菌更易繁殖，
因此必须每天使用香波清洗头发。

保护膜被破坏后污物进入皮肤会使皮肤老化。有人担心每天洗发使脱发或皮脂等问题更严重，那么，就要比较轻柔地洗发并使用脱脂力弱的香波等，一边控制力度，注意皮脂的分泌，一边洗发。紧张对头发也会有不良影响，而每天洗发还可以放松精神。

优 秀 发 型 师 的 回 答

A. **每天通过洗发香波护理法达到整个身体的健康，非常重要！**

材料提供：ford .hair化妆品 三口产业（株）
Illustration_mint julep

老顾客往往也是难应付的客人

365天不间断地收集美发信息

无论是购物还是行走在街上，脑海中总是留意着与美发相关的信息。"啊，那个人的发型款式真不错啊！"一边想着一边在脑海中浮现出"下次给那位客人建议这个发型"这样的想法。泽田小姐有着不一般的信息收集能力。

过目不忘的超凡记忆能力

对于只见过一次面、谈过一次话的人，泽田小姐就可以记忆多年不忘。"我的记忆力比剪发和烫发更棒。"据说，不给顾客建立档案都没问题。更惊人的是她甚至会记得她的店员曾对客人说过的话，非常厉害。

泽田由子小姐
[Stuff]
（埼玉县川越市）

PROFILE

Sawada yosiko，1971年12月出生于埼玉县。国际文化美容美发专科学校毕业后进入东京大塚沙龙工作一年半，随后以发型设计师身份进入［Stuff］美发店，3年前出任该总店店长。目前该店的工作重点是一边控制客人数量一边培养新人。最近，对独自旅行产生兴趣，并广泛传播旅行中的见闻。

SALON DATA

住　　所	埼玉县川越市新富町2-14-11
开业时间	1987年
法　　人	石塚富雄
店 铺 数	2家
员 工 数	13名（全23名）

7种技能

视觉空间

身体运动 1

论理数字 7

待人 3

语言 6

个人觉悟 4

音乐 5

2

技术能力和待客能力兼备

身体运动是指通过亲身体验来学习的类型。这里的高人很多，都具备出色的技术。眼力独道，有众多顾客的泽田小姐发挥着与生俱来的技术能力。而且有很强的社交能力，是会在与客人交流的过程中建立起信赖感的类型。

泽田小姐的销售额表

	技术销售额	商品销售额	指名客数	总客数
2007年4月	￥2 587 028	￥44 901	277	292
5月	￥2 660 001	￥62 110	294	308
6月	￥2 833 649	￥83 482	301	311
7月	￥2 559 132	￥85 022	268	278
8月	￥2 576 733	￥64 919	285	298
9月	￥2 634 447	￥40 160	283	295
10月	￥2 538 592	￥50 720	259	270
11月	￥2 691 474	￥80 633	305	316
12月	￥2 647 432	￥76 360	271	287
2008年1月	￥2 669 407	￥39 493	268	278
2月	￥2 515 421	￥67 939	262	268
3月	￥2 471 110	￥36 415	262	271
年间合计	￥31 384 426	￥732 154	3 335	3 472

平均客单价：￥9 039　剪发：4 800

主干道后面一条小巷里的门市店

[Stuff]位于西武新宿线的本川越站附近，临近商业街。周边只是城市建设中一条小巷的门市店，但却吸纳了大量顾客光顾，是非常兴隆的美发店。

顾客眼中的泽田小姐

山崎文小姐
（30岁的糕点师）

[4年顾客经历]

"很多沙龙都找各种理由解释这种发型剪不出来，但是来到泽田小姐这里以后没有出现这样的事情。"山崎小姐这样说道。由于发量多，她希望发型师修剪出轻盈的发型，但对方往往不明白我的意思。山崎小姐高兴地说与泽田小姐的沟通就非常快。可是善言谈的她也常常对忙碌的泽田小姐说："泽田小姐，请再多聊一会儿吧！"

老顾客往往是难应付的客人

因为得不到满足而频繁更换美发沙龙的客人，一眼即能看得出来。泽田小姐这样说："这样的客人总是会一边说'这家店好像差不多吧'，一边带着疑虑的眼神走进美发沙龙。"开始时，店里是因为没有其他可胜任的店员而总是由泽田小姐来接待这样的新客人。而现在，其他年轻的发型师会考虑"怎么应对这位客人难办的问题啊"，因此会敬而远之。这样比较棘手的客人慢慢都集中到了泽田小姐的身边。最初虽然觉得非常吃力，但现在就已经很擅长了。而一旦获得这种要求严格的客人的信任，他就会成为你的常客。

带着不满的心情犹豫不决的客人，多数都是对头发有着各种各样的烦恼。对此，清楚地告诉客人："头发这样……会有……烦恼吧？"一边寻找解决这个烦恼的方法，一边和客人交流，引起客人的共鸣："就是这个部分总是很难整理！"交流过程中客人与发型师之间即可建立信任关系。当客人觉得"这个发型师也许能做得不错"，有这样的期待感时就不会抗拒而静心地倾听发型师的建议。信赖感的标准就是要一直留意客人点头认可的次数。泽田小姐就是依照客人点头认可的次数多少来判断客人对自己的信赖程度的。要解决客人的难题就要先得到客人的认可和支持。

正因为经常应对这些高要求，所以泽田小姐赢得了50多岁和60多岁客人的信赖。他们这代人会根据发型师的技术高低就断言人品好坏，对人要求非常严厉。如果没有满足他们的期望就会永远失去这个客人。在巨大的压力下，在泽田小姐心底深处支撑她的到底是什么呢？

不能忘记"尽心尽力的心"

每日在美发沙龙室的泽田小姐常常要做的非常重要的事是：为这位客人这样做，并带着这样的想法去接待每一位客人。回想起来过去在专业学校时老师经常说"尽心尽力"这样的话，在学生时代由于没有实际经验，所以不明白其中的含义，听过即忘。尽心尽力是服务业的根本，不是什么人都能做到这一点的。若缺少了这种信念，就很难与顾客建立信赖关系。如今，泽田小姐是真切地感受到了这一点。

所以，在此基础上，她总是付出比别人更多的努力。这也是在学生时代就养成的习惯。泽田小姐说："总比别人多付出一点，总比别人多给予一些。刚开始只会是小差别，但一年，两年……这样的积累就会产生大差别。"优秀发型师的素质也许是从她立志从事美发事业时就已经产生了吧。

辽宁科学技术出版社书讯

一、美发店经营管理类

定价：25.00元

定价：25.00元

定价：25.00元

定价：30.00元
（附赠光盘）

定价：36.00元

定价：30.00元
（附赠光盘）

二、美发实用技术类

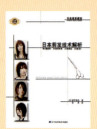
定价：43.00元

定价：66.00元

定价：52.00元

定价：54.00元

定价：20.00元

定价：28.00元

定价：29.80元

定价：38.00元

定价：35.00元

亲爱的读者朋友，以上是辽宁科学技术出版社有限责任公司的美发类图书。您对上述图书的内容和形式有何意见和建议，欢迎来电来函与我们沟通。对于您的支持和关心，我们将不胜感激。凡是提供反馈意见者，均可成为我们的会员，在参加我们举办的各种培训活动时，可享受八折优惠；从我社邮购上述图书时，可免邮费。同时，我们也热切地希望您能踊跃投稿！此外，诚邀各地代理商经营销售本书。

联系方式
地　　址：沈阳市和平区十一纬路29号　　　　　　　　　　邮　　编：110003
投　　稿：024-23284063　　QQ：542209824（添加时，请注明"美发"等字样）　　联 系 人：李丽梅
邮　　购：024-23284502　　23284375　　23284559　　23284357　　联 系 人：何桂芬

思考发型和形状的关系！

最受欢迎的
剪发基础

第2讲　高层次中长发

"剪发的绝对基础"第2回。这次的主题是"高层次中长发"。
运用在"发型"上使用的技术，组合"舒适的＆逗人喜爱的"和"敏锐的＆性感的"
两个主题的发型。
为了使发型的完成情况很理想，需要不断在技术上进行磨炼。
不要放弃"创造发型"的愿望。

line up

主讲

福井达真
[PEEK-A-BOO]

1975年出生在京都市。东亚
美容专门学校毕业后，进入
[PEEK-A-BOO]公司。
现在在"m2PEEK-A-BOO"沙
龙担任理事一职。2004年获得
JHA最优秀新人奖。爱好是骑自
行车。

Tatsumasa Fukui

这是什么？
URESTA!
《丝语》美发课堂

所谓《丝语》美发课堂，是《丝语》
送给广大读者的大型连载——"通
向URESTA（超人气发型师）的捷
径"系列讲座。在这个"课堂"里，
我们请来了日本的超人气美发大师
为大家详细讲解剪、烫、染等美发
实用技术，为读者创造一个直接向
大师学习的机会。

汇编3种发型，制作高层次中长发发型

首先选择"发型"

这次采用"高层次中长发"、"蘑菇状鲍勃"、"向前斜下"3种发型。
运用制作这些发型的技术能够制作出福井流派的"受欢迎的高层次中长发发型"。

第1种发型
高层次中长发

细部

头后部下方和头中部至头顶部，为了不出现棱角，改变高层次的角度，进行连接。全部是纵向提拉发片进行修剪。

发片的提取方法与思考方法

头后部各发片的操作过程均以前一个修剪完成的发片的位置为基准进行修剪，来连接整体并形成板状的切口。

发片的提取方法与思考方法

从侧中线向脸部周围，与正中线成90°角提取发片，开连接，成恢状继续向前修剪。

细部

细部

发片的提取方法与思考方法

脸部周围的"蘑菇状"，从前发向侧面，放射状提取发片，一边制作均一的圆弧形状，一边继续向前修剪，注意不要出现棱角。

第3种发型

蘑菇状鲍勃

case ①

高层次中长发发型
舒适的 & 逗人喜爱的

组合"高层次中长发"和"蘑菇状鲍勃"的发型技术
重新制作新的发型

福井流派的"受欢迎的高层次中长发发型"的第1种发型是采用了在"高层次中长发发型"和"蘑菇状鲍勃"发型中使用的技术。

完成
目标

中长发
高层次

＋

中长发
高层次

头发颜色

以间距和深度均为8毫米进行挑染，用漂粉加6%的双氧乳进行涂抹。剩余部分使用tamris公司的P8加6%的双氧乳。冲洗干净后，再用G12加Be12（1:1）加6%双氧乳对全体头发进行操作。

设计风格

在头顶部用风筒放射状地吹风，把头发吹干，呈现量感。颈背分区与之相反，吹风使头发向内卷，控制量感，成为伏贴的轮廓线。定型剂选择整形水，强调轻盈感和发束感。

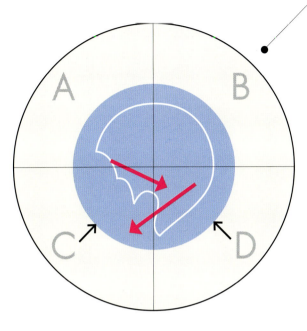

这款发型发流的构成是脸部周围的头发向后的发束、头后部的头发向前。头后部表面伏贴，强调头发向脸侧面的流动感。

设计的方向性和剪发的构成

那么，福井流派中长发的"舒适的＆逗人喜爱的"的发型是由怎样的平衡状态来构成的呢？

我们用具有方向性的设计图（图解）分析一下。

牢牢地把握住这个平衡感，并且把在何处采用何种"发型"的技术转换成具体的形象。现在，我们开始进入剪发的程序。

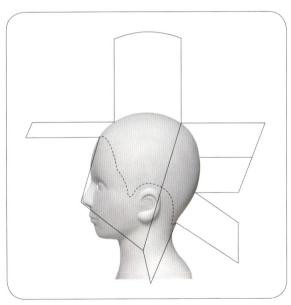

切记,为了让脸部周围呈现蘑菇状的外形轮廓线,同时,也为了呈现出圆润感而进行修剪。另外,注意不要把鬓角留得太长,调整全体的平衡感。

为了完成目标发型

第1
注意鬓角不能留太长！

第2
要清楚脸部周围需呈现出蘑菇式的圆弧状鲍勃发型。

第3
头侧面和头后部的连接很重要。

{"舒适的&逗人喜爱的"}
technique process

考虑"在何处使用何种技术",请一边把完成后的发型和构成发型的平衡感的具有方向性的设计图（图解）印在脑子中，一边读下面的文字。

修剪前

开 始

把分缝线定在正中线位置。

由正中线和从耳后通过旋儿的侧中线进行连接两耳后的水平线把整体进行分区。

发型

在头后部使用"高层次中长发"的技术。

切口是板状状态！

从头下部的正中线开始与水平面成45° 提取1厘米宽的发片,进行45°的高层次修剪。以这里的长度为设计线,以前一个修剪完的发片位置为基准,提取发片,把头下部分区整体连接成板状进行修剪。把颈点到耳后的头发全部集中到颈窝点的位置进行修剪。

头下部分区修剪结束。

另一侧也进行同样的修剪。

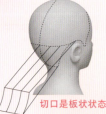

在分区后的头后部的上部再分成上下两部分。

头后部的最上段也以下方的头发长度为设计线进行修剪。和水平面平行提取发片,加入高层次,垂直进行修剪。从颈点到耳后的头发全部集中在颈背分区位置进行修剪。

以头下部分区的长度为设计线,从正中线开始与水平面平行提取1厘米宽的发片,垂直进行高层次修剪。并且连接成板状,从颈点到耳后和头下部分区一样,把头发集中在颈点位置进行修剪。

修剪棱角！

提取靠近发际线和侧中线的脸侧面的表面的发束，因为形成棱角，所以要认真地修剪，同样修剪到表面。

削除棱角的状态。

长度确定后，和另一侧一样，进行偏移修剪，一直剪到侧中线。

另一侧脸部周围的第一片发束也和左侧同样进行修剪。

另一侧的棱角也要同样通过修剪进行处理。

第一发束剪完以后，比较一下两侧的长度是否一致。

重点！

改变头下部分区和头中部到头上部提取发片的角度以及切口的角度，但是注意修剪时不要留下棱角。

左侧的偏移修剪完成。

整理前发的部分，首先进行分区使两瞳孔和头顶部的点形成三角区呈现纵深感。

在头后部进行高层次修剪结束后的状态。

发型

在侧面使用"蘑菇状鲍勃发型"的技术。

和脸部周围的发际线平行取发片，与头皮成0°，与水平面成45°提拉发片。在垂落到下颌位置的长度，与水平面成45°进行高层次修剪。以第一发束长度为设计线，进行偏移修剪，一直到侧中线。

{ "舒适的＆逗人喜爱的" }
technique process

修剪棱角

错

切口是圆的！不要用直线连接。

把梳子从内侧插入调整前发的发流，在头的圆弧形状的延长线上提取前发，在垂落到眼窝的位置的长度处修剪。轮廓线定为水平线。为了避免提取的角度成为0°，可以适当加入低层次。

另一侧也同样，放射状、垂直提取发片，削剪棱角。

调整性修剪头顶部发束的棱角，与前额和头后部的高层次接触的部分垂直提取发片，削剪出现的棱角。切口连接成圆弧状，放射状地向前斜上提取发片进行修剪。

在前发"八"字形取发片，剪轮廓线时适当加入低层次，进行调整性修剪。这里，取前额到侧面的长度为设计线。

修剪棱角

从前额到侧面的高层次修剪完成后的状态。

另一侧也同样用高层次进行连接。

发型

在脸部周围使用"蘑菇式鲍勃发型"的技术。

以正中线为中心，"八"字形取发片，与水平面成45°提取发片，用偏移修剪技法加入高层次连接到侧中线。在前发的表面也加入高层次，继续向前修剪，最终连接侧中线和鬓角。

头发吹干之后按照和湿剪时相同的顺序在整个头部加入高层次。

侧面到头后部的头发容易产生堆集感的,用梳子仔细地梳理发流后,按滑剪的要领进行打薄削剪,一边调整量感,一边呈现出柔和细长的感觉。

GOAL!!

高层次中长发1
"舒适的＆逗人喜爱的"
发型修剪完成!

97

高层次中长发发型
敏锐的 & 性感的

组合"高层次中长发"和"向前斜下造型"的新的发型

接着介绍采用在"高层次中长发"和"向前斜下造型"的发型中的技术重新设计的发型。
这款发型的感觉是"敏锐的&性感的",利用轮廓线的设计和高层次的技法,强调潇洒的感觉。

高层次中长发

+

向前斜下造型

完成目标

头发颜色

从正面看的V字状前额4枚,向左右的轮廓线的各2枚,用分层涂"亚洲染膏120脱色剂+6%"。其他的部分使用威娜染膏"14/00 +6%"。

设计风格

为了颈背分区部分不出现量感,使用吹风的办法使颈背分区的头发呈现伏贴状态,不要把头顶部的发根吹散。侧分的前发分缝线不要模糊,要呈现不规则的发束感。定型剂选用能出现光泽感的发蜡。完成后要突出发型表面的质感和发束感。

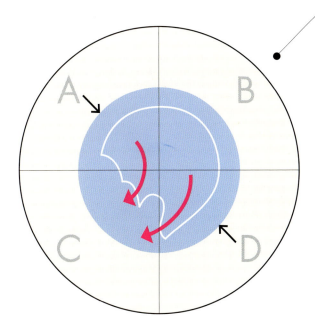

从脸部周围到头后部，所有发束的发流都向前流动。为了更加强调发流，使前发的表面和头后部的头下部分区呈现伏贴状态，并调整全体的量感重心的平衡感。

发型设计具体的方向性的设计图和剪发的构成

用"高层次中长发"和"向前斜下造型"的技术制造的"敏锐的＆性感的"的发型，要根据怎样的平衡状态来组合呢？
为了掌握发型的量感重心和发量感，用左边的设计图和展开图在脑中好好地想一想吧。

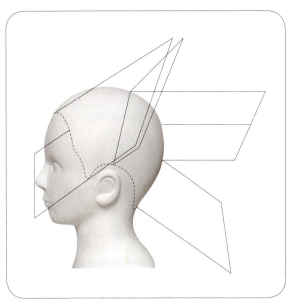

头后部采用在"高层次中长发"的发型中使用的纵向提取发片的方法进行高层次修剪。侧面以颈背分区和侧中线的头发为设计线，对侧头部进行板状修剪，保留向前斜下造型的轮廓线。

为了完成目标发型

第1
注意前发不要剪得过短。

第2
注意表面棱角不要过于明显。

第3
注意侧面和头后部要连接得很整齐。

{ 敏锐的＆性感的 }
technique process

利用"构成发型"的技术，进入到（敏锐的＆性感的）高层次中长发发型的设计中。请注意在何处使用何种技术。

before

开始

分缝线设在正中线位置。

由从耳上通过旋儿的侧中线把头部划分出前后两部分。

把头后部分成上下两部分，从下方开始修剪。在正中线纵向取1厘米宽的发片，与水平面成45°提取，进行高层次修剪。以这里为设计线，把切口连接成板状。把从颈点到耳后的头发全部集中到颈点的位置进行修剪。

在分成上下两部分的头后部，把上部再分成上下两部分。

发型
在头后部使用"高层次中长发"的技术。

另一侧也连接同样的高层次。

在正中线和水平面平行纵向提取发片，以头下方发长为设计线，垂直进行高层次修剪。其他部分和头下方一样，连接成板状的高层次。

另一侧也同样连接进行修剪。

修剪结束，检查两侧的长度是否一致。

头后部的上部也以正中线为设计线，把和水平面平行提取的发片垂直进行高层次修剪。用板状的切口连接全体，把从颈点到耳后的头发全部集中在颈点的位置进行修剪。

修剪完成后，和头中部同样检查一下左右长度是否一致。

重点！
头后部的所有切口相互连接成板状，呈现方形造型。

以这里为设计线和下方的高层次连接。

表面也以从颈背分区到侧中线修剪完成的部分为设计线,和水平面平行提取厚度为1厘米的发片,在下方的延长线上进行高层次修剪。和水平面平行提取发片连接高层次,一直到脸部周围的发际线,呈现方形的轮廓线。

侧面内侧的高层次修剪结束。

错

如果提取发片的角度向下就变成了低层修剪技法,则容易产生量感过重,所以要注意。

发型
把"蘑菇式鲍勃"的技术使用在侧面。

侧面的修剪结束。

以在颈背分区到侧中线修剪完成的部分为设计线,和水平面平行纵向提取发片,厚度为1厘米,垂直进行高层次修剪。用板状的切口连接高层次,一直到脸部周围的设计线。

连接的部分。

成为设计线的部分。

棱角被削剪的状态。

切口呈板状!

把头发集中到侧中线的位置。

剪这里!

提取从颈背分区到侧中线的头发,然后集中到侧中线进行垂直修剪,削剪出现的棱角。

切口要和水平面垂直。

{ 敏锐的 & 性感的 }
technique process

第一发片修剪结束,检查左右的长度是否一致。

以第一发片为设计线,另一侧也同样进行偏移修剪。

另一侧的脸部周围第一发片也同样进行高层次修剪。

左侧的高层次修剪结束。

修剪结束后,划分前发,宽度到两边眼角,纵深至头顶部的重心点。

为了让脸部周围出现轻盈感,在侧面取和发际线平行的发片,与水平面成45° 提取厚度是1.5厘米的发片,保留鬓角的长度,进行45° 高层次修剪。以第一发片为设计线,到侧中为止(棱角剪没有即可)进行偏移修剪连接高层次。

在另一侧的颈背分区到耳后、侧面内侧也同样加入高层次。

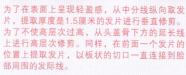

为了在表面上呈现轻盈感,从中分线纵向取发片,提取厚度是1.5厘米的发片进行垂直修剪。为了不使高层次过高,从头盖骨下方的延长线上进行高层次修剪。同样,在前面一个发片的位置上提取发片,以板状的切口一直连接到脸部周围的发际线。

一直到侧面脸部周围的内侧修剪结束之后,检查左右的长度是否一致。

右侧的表面也和左侧同样连接高层次。

修剪棱角。

把全体发流都向脑后部梳，削剪在前额和头后部交界处出现的棱角。让修剪后的轮廓线具有圆弧状，一边和中分线平行地取发片，一边修剪到不出现棱角为止。

湿剪结束了。

在脸部周围头发的中间到发尾按和滑剪相同的要领加入打薄剪刀，呈现细长柔软的感觉。

按和湿剪同样的顺序给全体头发打薄，调整发量。

GOAL!!

高层次中长发2
"舒适的&性感的"
发型完成

来自福井先生的问题 ①Q

在做"舒适的&逗人喜爱的"发型时在头顶部提取发片,修剪后的轮廓线是什么样的呢?

回答这三个问题,请福井先生检查。

来自福井先生的问题 ②Q

修剪"敏锐的&性感的"发型,向侧面移动时,以哪里为设计线呢?

来自福井先生的问题 ③Q

根据右侧的方向性示图,做成的发型是哪种形象设计?

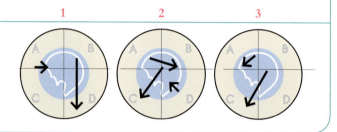

通知:
亲爱的读者朋友,当您拿到《丝语》的时候,就说明您已经成为我们《丝语》这个大家庭中的一员了。我们会通过《丝语》向您展示美发大师的风采,并在恰当的时候,将这些大师请到中国来,开展各种美发讲座。因此,请将您的个人信息提供给我们登记备案,以便我们在开展讲座时,及时通知各位。

注:无论何时,基础都是关键!

福井达真亲笔所书,送给大家!

客人满意项目

分区削剪技巧

第2章

必备的基础知识2

100位客人会有100种不同的愿望,也会有100种不同的烦恼。当然,头型也会有100种。那么,让我们成为可以根据这100种头型各自不同的特征,为每位客人设计出满意的发型,让客人展开笑颜的美发设计师吧。

illustration_Mayuko Sase[A.K.A.]

主讲

西田 齐
[Bond 待庵]

Nishida·hitoshi [Bond Hair-make up~ 待庵 ~] 代表。1989年留学英国沙宣发廊暨美发学院并获得毕业证书。1995年在大阪高槻市开设 [Bond Hair-make up],2002年将美发店迁址至京都府中京区。2008年1月改名为 [Bond Hair-make up~ 待庵 ~]。因在讲座中将削剪理论讲解得通俗易懂而深受好评。

本章，我们讲一讲头部骨骼的话题

头发生成在头部骨骼之上，因此必定会受到骨骼的影响。但是，你是否知道受骨骼影响的头发是如何产生重叠方式的，头发又是如何产生动感的呢？如没有理解这些问题，就很难设计修剪出理想的发型。在此，我们再一次认真地考虑一下"骨骼"与"头发的重叠方式及动感"的问题。

理解头发与头部骨骼的关系

设计发型时，先要做基本修剪。然后本应该是开始削剪了，但此时，你是否遇到过这样的困惑："修剪时明明把发量修剪得一样多，为什么这个部分的发量却产生了堆集感呢？""本来的用意是使右侧呈现量感，但是，左侧的发量怎么倒多了呢？"类似这样的问题的出现，使基本修剪后的发型并非最初想要设计的发型。以上这些都是由于头发与骨骼的关系而产生的问题。由此可见，不充分地理解头部骨骼的特征及受骨骼影响的头发的重叠方式及动感等，就很难把握修剪后的整体发型。

理解头部骨骼

大家想一下，你是一位能够根据客人头部骨骼特点而设计发型的发型师吗？比如说，对于后脑勺儿扁平的客人，应该怎样做才能掩盖头型扁平的缺陷呢？如果客人头围两侧略有不同，又该怎么修剪发型来弥补呢？你是否在认真地考虑了这样的问题后才为客人设计修剪发型的呢？

我们需要充分把握头部骨骼的特征及受它影响的头发重叠方式、动感！

西方人与东方人的头部骨骼特点

欧式剪发的基本技术大约在50年前普及于日本。因此,日本剪发技术的基础是从西欧国家传来的。但是,西方人和东方人的特点却有着很大的差异。这里指的就是"头部骨骼"的区别。在此,我们一起了解一下东西方人头部骨骼的差别吧。

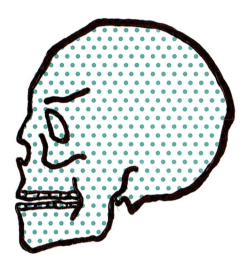
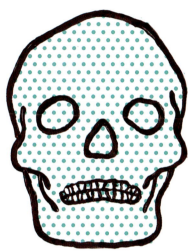

大部分西方人的头部骨骼特点是,下巴到头顶部的轮廓线呈平缓的圆球状,整个脸型轮廓线呈椭圆的蛋形。另外,从鼻尖到头后部正中线的距离较长,后脑勺儿较鼓。

东方人的头部骨骼

大部分东方人的头部骨骼比西方人宽,因为头盖骨的骨骼突出,显得头较西方人大。另外,从鼻尖到头后部正中线的距离短且后脑勺儿多扁平。也就是说与西方人相比,在东方,后脑勺扁平的人更多,因此在设计修剪发型时,要在很多方面注意补充头部骨骼的不足。

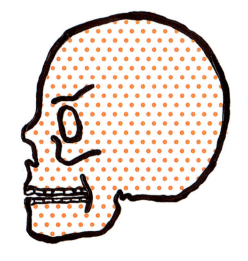
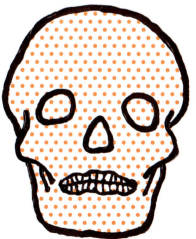

当然了,每位客人的头部骨骼都是不一样的,了解了头部骨骼的特点后,再进一步理解头发的重叠方式。这是能够消除客人对自己头部骨骼顾虑的关键。

理解头发的重叠方式和动感。

头部骨骼与头发的重叠方式和动感

问答

Q 头部的哪个部位最容易产生堆积感？

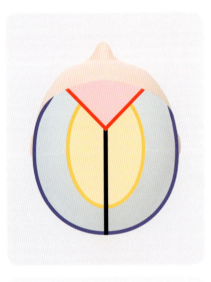

了解头的各个"区域"

结合骨骼的特征，头部可以有多种分区的方法。下图就是根据头部骨骼的特征划分出的各种区域。

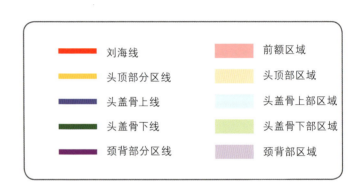

▬ 刘海线	▮ 前额区域
▬ 头顶部分区线	▮ 头顶部区域
▬ 头盖骨上线	▮ 头盖骨上部区域
▬ 头盖骨下线	▮ 头盖骨下部区域
▬ 颈背部分区线	▮ 颈背部区域

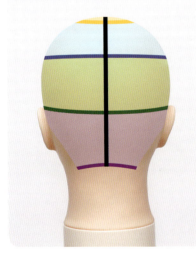

影响发型的关键区域

● 颈背部分区至侧面：决定发型长度的区域。

● 头盖骨上部区域：很容易控制量感强弱的区域。

● 前额和顶部区域：决定整体发型设计的区域。

头部重叠的头发——大家能回答出在前页提出的问题的答案吗?

下面,介绍的是头型的特征及头发的重叠方式,以及各个部位的头发是如何变化的。

对于头上哪个部位容易产生堆积感,哪个部位的头发最容易产生动感,让我们认真思考一下吧。

颈背分区

● 发型整体设计的外轮廓线部位
● 最不容易产生动感的部位

决定发型的长度,形成发型整体轮廓线的重要部位。

最难呈现动感的部位,此区域的头发向左右两侧运动的情况很少。

后脑勺儿下的凹陷部位

此部位因为头有凹陷,所以此部位发量厚。

● 容易产生堆积感
● 向左右两侧不产生动感

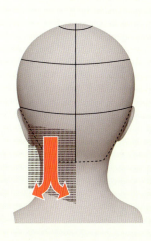

此部位头发的发流是向下方垂落,发流不易向左右两侧分散。

头后部、头盖骨以下区域

● 容易产生动感的部位
● 不易向左右产生动感

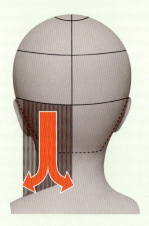

因为此处的头发容易产生重量感，因此很难向左右产生动感。

因为这儿的圆弧状骨骼突出，因此头发也容易蓬起。

容易膨起的区域。从两侧看时，是调整发型轮廓的部分，所以在此部位作适当的修剪，是打理出好发型的捷径。并且，可以使骨骼和设计二者更完美地融合。

头后部、头盖骨区域

● 不容易产生内收感的部位
● 调整两侧线条轮廓的平衡

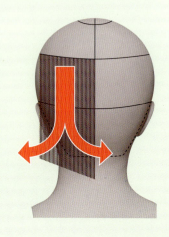

受骨骼圆形的影响，这个区域的头发容易产生动感，发流容易分散，是公认的很难产生内收感的部位。

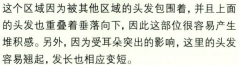

侧面、头盖骨区域

- 易产生量感堆积
- 不易产生动感

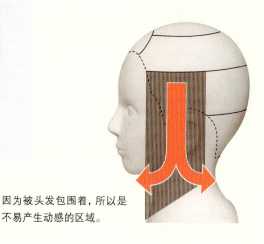

这个区域因为被其他区域的头发包围着，并且上面的头发也重叠着垂落向下，因此这部位很容易产生堆积感。另外，因为受耳朵突出的影响，这里的头发容易翘起，发长也相应变短。

因为被头发包围着，所以是不易产生动感的区域。

后头部、
头盖骨上部区域

- 量感的调整
- 易产生动感

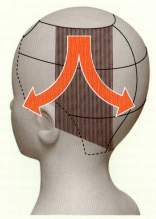

头发易产生动感，
容易扩展的区域。

头旋儿周围的发流易向左右产生动感。要弥补后脑勺的扁平，打造量感的发型就需要重点修剪此部位。

侧面、
头盖骨上部区域

- **打造最佳发型的关键**
- **向前后分散**

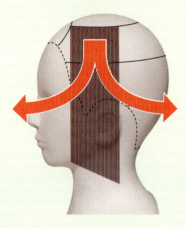

这里是头部骨骼倾斜较大的部位，也关系脸的形状。这个区域决定了从正面看时整体轮廓的好坏，很大程度上决定发型是否符合头型。

此区域的头发既可向前梳，也可向后梳，很容易分散到前后两边。

从正面看时，在很大程度上影响整体发型设计给人的印象。设计发型时，如果不考虑到发际线的发流、额头的球形等就会很难创造出理想的发型。

刘海区域

- **影响整体发型设计的部位**
- **头发易向左右两侧产生动感**

受额头鼓起的影响，头发易向左右两侧产生动感，易产生立体感的部位。

覆盖所有的区域,形成头发表层的区域。
决定发型设计的印象。

头发最容易产生动感的区域。基本上可向任
意方向产生动感,呈现各种各样的发式。

头顶部区域

- 决定整体发型设计
- 最易产生动感的区域

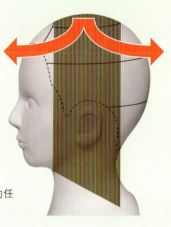

你知道哪个部位的头发最容易产生量感堆积吗?

每个人的头部,由于骨骼的因素,也会有发量密集、易产生动感等各种各样的区域。
重要的是,掌握头型的各种特征,认真考虑头发自然垂落时会产生什么样的形状,并使用最适当的技法进行削剪。
那么,你知道头上最容易产生量感堆积的是哪个区域吗?

把头模向侧面旋转再观察

左侧的图是把头模向左右晃
动的图示。从图上可看出,
头顶部区域的头发可向任意
方向梳理,而颈部等区域的
头发(紫色、绿色)却不易产
生动感。

把头模向前倾斜再观察

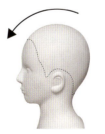 

把各部位重叠的毛发向前倾斜后,
可以看出,表层也就是头顶部附
近的头发很容易产生动感,与此相
对,颈背部区域附近的头发(紫色)
却基本上不会产生动感。

也就是说,最容易产生量感堆积的部位是——
骨骼有凹陷,头发重叠密集,头发几乎不产生动感的颈背分区。

分区削剪技法

 基本修剪
发型的基本形，也就是发型的基础。

+

 削剪技法
调整发量、质感，形成发型。

=

发型的基础一般都是通过基本修剪产生的，并且，再通过调整发尾的细微感觉打造出质感，削剪发量堆积的部分，并调整各部分的平衡，这样就形成了削剪的发型。

 后脑勺儿扁平没有量感，想要增加量感时。

 头盖骨区域量感过剩，想要减少量感时。

在削剪的阶段，就可以消除客人担心的"后脑勺儿扁平没有厚度"、"头盖骨突起显得太厚"等问题了。

分区削剪技法的应对

当然，基本修剪可以修补某些部位骨骼的不足，但是，要想真正消除客人的顾虑，打造出客人希望的发型时，就需要在基本修剪后利用分区削剪技法进一步进行削剪调整整体发型的平衡感。分区技法可以在必要的部位作必要的修剪，因此，能够更好地控制整体的发型结构。

在前面，我们学习了头部骨骼的特征以及备受其影响的头发的重叠方式和动感方式的内容。那么，从这里开始讲解根据头部骨骼及头发的重叠方式以及动感方式等特点而采用的剪发技巧，利用分区削剪技法的技术。

什么是"分区"？

将重叠的头发按头部各部位特征而进行划分的方法

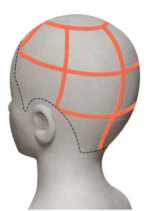

像113页之前所讲的那样，一个人的头部，根据骨骼的不同特征，头发的生长及重叠方式都是不同的。所说的"分区"，不是指特定的划分方法，而是结合头部骨骼特征、发质以及要完成的发型而对头部进行划分，形成的各个区域。

让想凹陷的部分凹下去

这里！ → ← 这里！

让想蓬起的部分蓬起来

这里！ →

所谓的分区削剪技法

所说的分区削剪技法，是在必要的部位进行削剪的技法。也就是说，想要在某个部位减少量感时，就在适当的区域入剪，进行打薄削剪；想将某个部位修圆时，就在适当的区域入剪，制造圆润感等方法。想要达到最初的设想时，要认真考虑在哪个区域入剪操作是分区的关键问题。正确地理解由骨骼特征而生成的头发的重叠方式、动感方式是分区削剪的前提。

分区削剪时，不能削剪全部。只在最必要的部位进行削剪。

不是削剪"全部"，而是"部分"！

分区削剪技法应用前

在这里，分区削剪技法应用开始之前，我们先学习一下会用到的技术和注意要点等。

用剪刀削剪

本节中，利用分区削剪技法所使用的工具是普通的剪刀。这个工具可以结合头的圆形及骨骼特征进行精细的操作。削剪的重点在于取"点"，因此这也是可以控制削发的间距和入剪角度的工具。

削剪技法的种类和技巧

高层次打薄削剪
提起的发片在高层次形状下进行打薄削剪。

低层次打薄削剪
提起的发片在低层次形状中进行打薄削剪。

发根打薄削剪
离发根约2毫米处开始进行打薄削剪。

之字形打薄削剪
仅打薄削剪发尾，也可以称锯齿形打薄削剪。

纵向取发片

原则上讲应该对要削剪的发片纵向提取。横向或倾斜取发片的方式很难将重叠的发束打造成型，容易产生失败的发型，所以应该尽量避免。

在自然状态下吹干头发

必须要在自然的状态下吹干头发，然后再开始削剪。如果有意识地进行吹风造型的话，就很难把握最后的发型的质感和量感的高低了。同样，也不要使用卷刷或电热棒、电夹板等工具。

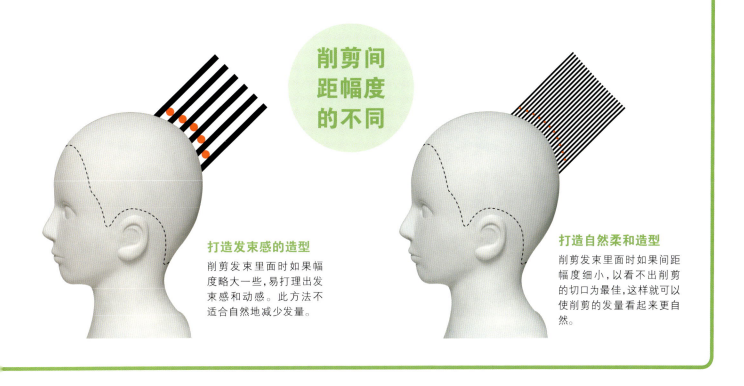

削剪间距幅度的不同

打造发束感的造型

削剪发束里面时如果幅度略大一些,易打理出发束感和动感。此方法不适合自然地减少发量。

打造自然柔和造型

削剪发束里面时如果间距幅度细小,以看不出削剪的切口为最佳,这样就可以使削剪的发量看起来更自然。

要注意! **容易失败的3个例子**

1 **在削剪发型表层部分的头发时,经常会产生飞发。**

在头顶部或头盖骨上部等发型的表层部分,不能从发根处开始削剪,那样会产生飞发。
另外,发片的间距幅度不能无规则。削剪头盖骨上部区域时,发根部要保留2厘米,发片的间距幅度要细小些。

2 **客人上次来店时,全体采用了发根打薄削剪技法。**
这次,在同样的发型中,使用相同的(发根打薄削剪技法)操作技法是不可以的。

如果把全部的发根都作打薄处理后,会出现很多的短发。下次再来到店里时,在同样的部位按上次同样的方法削剪就会出现问题。此时要注意应该只在发量容易产生量感堆积的部位以及客人有顾虑的部位进行调整性削剪就可以了。

3 **因为发片的间距幅度过大、无规则地削剪会使发束产生空隙,使发量过于稀疏。**

削剪幅度大易打造出发型的发束感。如果为了自然地去掉发量而以5厘米以上的间距幅度进行削剪的话,可能会造成打薄削剪过度使发量变得稀疏出现空隙的后果,因此要特别注意。要想打造出自然的感觉时,应采取幅度细小的削剪方式。

分区削剪技法：基础的基础

头后部扁平，没有立体感时

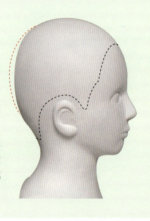

头后部扁平的特征是头后部平坦，没有圆润感。为了增加这个部位的圆润感和量感，应该重点削剪哪个部位呢？

削剪前

削剪后

要 点 怎样打造侧面的轮廓？

头后部、头盖骨区域

头后部、头盖骨上部区域

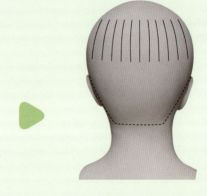

从头后部的头盖骨部分开始，放射状纵向提取发片，加入低层次削剪技法。

从两侧看时，影响整体造型结构的是"头后部、头盖骨"和"头后部、头盖骨上部"的区域。如果把这两个区域的整个部位都削剪得圆润的话，就可以弥补扁平的不足了。

要打造圆润丰满的发型，就要采用低层次削剪技法

发片采用低层次削剪技法，可以打造圆润丰满的发型。如右上角的图所示，提取发片，在头后部区域采用低层次削剪技法，增加圆润感，呈现出有量感的发型。

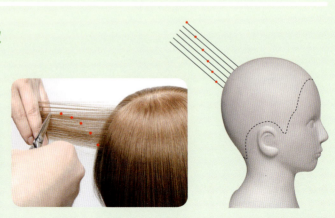

前一章节中，我们学习了针对客人最常见的三大烦恼的解决方法，还记得吗？
本节中，讲解一下为了解决三大烦恼中的两个烦恼而必须了解的内容，
即"在哪个部位加入削剪"。配合头部骨骼特点看一下削剪的效果吧。

头盖骨突出，量感过剩时

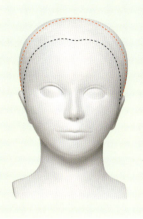

头盖骨周围的骨骼突出，发型也容易相应地扩展。这也是头显得大的原因。

削剪前

削剪后

要 点 怎样打造正面的发型轮廓？

侧面、头盖骨区域

侧面、头盖骨上部区域

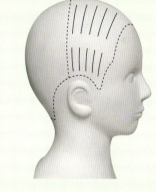

从耳开始到脸部发际线为止纵向取发片，在头盖骨上部和头盖骨下部加入削剪技法。

从正面看，形成整个发型轮廓的是"侧面、头盖骨"和"侧面、头盖骨的上部"区域。削剪突出部位量感的同时，也可以抑制量感。

想要削剪量感，采用高层次削剪技法

把发片按高层次形状进行削剪（高层次削剪技法），可削除过剩的量感。如右上角的削剪图所示一样，在头盖骨上部和头盖骨下部区域加入高层次削剪，可削除头盖骨周围过剩的量感。

注意！

注意发型表层的头发。距发根2厘米处开始削剪。

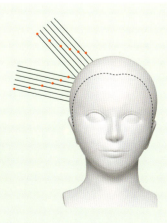

头盖骨上

头盖骨下

请回答以下西田齐先生的问题。

问 题

Q 西田先生的问题:

假如分别以图A、B、C所示方向提拉发束,剪发后的头发将会如何重叠? 把发尾的重叠方式的答案分别写在下面头部图形的空白处。另外,用圆圈圈出易产生堆积感的部位。

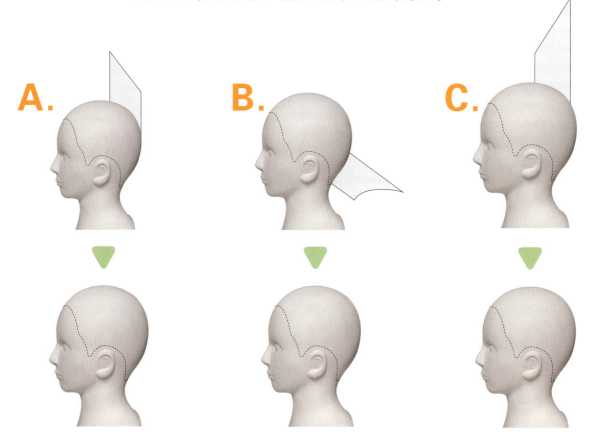

A.

B.

C.

Dramatical Time and Space

好喜欢那种氛围！

民子的小屋

这里是我们的谈话沙龙——"民子的小屋"。

是主持人大川民子（masago）邀请时下最受欢迎的人士共度经典时刻的场所。

这个月的客人正是红得发紫的"TAYA"的MASA先生，即大川雅之先生。

咦，"大川雅之"，好像第一次听说啊！

当然，确实如此。

不过要知详情请看本文。

对话嘉宾：
大川雅之［TAYA］

实际上我今天有重要的事要报告啊。

（大川雅之）

什么什么，好想知道啊！

（民子）

Masa × Tamiko Okawa

121

民子：听说你最近特别活跃，好像很冲的样子啊！

雅之：哪里啊，没有啦。

民子：虽说如此，不过因为到处都能听到你的名字，所以就有意挑选你做第2期连载的客人！

雅之：所以我今天也非常开心。谢谢！

民子：第一次见面，是两年前吧。因为我们的姓氏相同，马上就能想起来。

雅之：实际上今天正想说说那件事。

民子：咦，哪件事？

雅之：想借今天这个机会，把名字从"MASA"改回本来的名字"大川雅之"。

借今天这个机会，把名字从"MASA"改回"大川雅之"

民子：借今天这个机会？

雅之：是啊。因为要和同姓"大川"的民子对话，我想再也没有比这更好的机会了。

民子：不好啦。大川雅之和大川民子的……会被认为两人结婚了！

雅之：嗯。不过我想一定有什么缘分。

民子：是啊，一定。作为同姓的弟弟，以后我一定会更加关注你的。还是用本名去比赛好。今天就是转变的机会啊。

雅之："MASA"是进公司以后的名字。"大川雅之"是我的本名，也是我自己起的名字。这是件很严肃的事。

民子：随着沙龙以外的工作的增多，需要以自己的名字出现的场合也增加了。

雅之：是。最近也有染发和杂志方面的工作，因为是广告创作小组的领头人，所以也举行研讨会和发型表演什么的。虽然忙得不可开交，却非常开心。

民子：我也有你那样的时候，外面的工作也很多，非常忙碌，沙龙工作和会议都没法参加。不过我这边的情况有所不同，因为我发现我的作用应该是在"masago"培养人才，就放弃了外面的工作。

雅之：那是在经历很多之后才明白的。我现在只要有机会就什么都想尝试。

无论什么都去做，到40岁左右能明白就好了

民子：当然还是去尝试为好。经历很多之后，到40岁左右就清楚人生的航向了。我也是这样的。

大川民子　出生在东京。是在市内有6家店铺的"masago"的代表，同时兼广告创作小组组长。拥有熟练的技术和充满品位的气质，除了沙龙工作，也活跃在杂志、表演和创作活动中。涉足的行业广，培养的人脉在美发界也是首屈一指的。活泼而细腻的性格被很多人所喜爱，作为女性美发师，也是凤毛麟角啊。在本次访谈中，民子的服饰也是非常流行的设计，这也是我们每月的期待噢。

雅之：是吗？因为现在还没有完全明白，所以还要去寻找。

民子：还去沙龙工作吗？

雅之：每月17日去沙龙。做外面的工作让营业额下降是绝对不行的。所以，每次必须完成指名的客人的营业额要达到400万日元才行。

民子：17日一天就完成400万日元，真了不起啊。

雅之：开始时，我是做男士美发的，作为设计师崭露头角是在27岁。老实说，有点晚啊。29岁时我取得了在TAYA全店营业额和指名客人数第一的成绩。现在是第二、第三名。比起以前下降了，但也不后悔。

民子：第一的位置保持了多长时间呢？

雅之：在外面的工作增加之前一直是第一。

民子：了不起啊！你是怎么做到让流动的客人都找你的呢？那样的客人在银座会有很多吗？

处在不弱也不强的情形，变高明的诀窍就是不断努力。

雅之：现在没有固定发型师的客人比较少，所以我的客人大部分是介绍的。我最初的两年是做男士美发的，所以常常拜托男性客人给我介绍女性客人。

民子：是熟人介绍啊。只是这些吗？介绍的关键是什么？

雅之：后来就不是介绍了。在我崭露头角前的两年里，我几乎每天要寻找模特，允许我给她们剪发和染发。

民子：每天？

雅之：因为想早点儿给女性客人剪发，所以下班后总是在店外向过往行人打呼招，请她们做我的模特。一年里这样做了350天。

民子：真棒啊！我要让我的学员们也听听你的故事。

雅之：是啊，在我有名气之后这些人成了我固定的客人。这可是个相当大的数字啊。

民子 是的。嗯，知道吗，你有名气之后，辞职的人也很多。听说是因为客人不来了很为难。就是青山、原宿的店也是这样。

雅之：是吗？不过，客人没来绝对是怪自己。所以，我想只能靠自己的努力使客人再来光顾。

民子：是这样啊，真对啊。怪店和别人都是没有用的。不改变这样的认识不行。我真想培养出像你这样的发型师啊！

雅之：在高中打棒球的时候，监督曾这样说过："我们是没有办法让高手消沉的。你们打不赢，就是你们练习不够。拿起球棒！"美发也是同样的道理。处在不弱也不强的情形，不做就不会变高明。所以，我要说的就是先前这些。

民子：运动员性格！你是实干家，和感觉派的我截然不同。你曾经是专业拳击运动员吧。

雅之：是。努力是变高明的最大诀窍。如果以后想要有更大的发展，就要改变自己。如果不改变自己，永远只能在自己的原有能力范围之内活动。

民子：怎么改变呢？

雅之：嗯，整体上要有这个认识。例如没有什么特别不好的地方，也不想长进的人，要改变会很勉强，即使那样，也要改变。如剪发的次序、待客的方法、服装……都要改变。也许会变得糟糕，也可能更上一层楼。我想改变总能会有收获。

民子：嗯，受益匪浅啊，一定要把这个道理教给后辈们啊。

大川雅之　1974 年出生于千叶，在中央美容美发专业学校毕业后，一边在自己家的美发店工作，一边做专业拳击运动员。退役后，学习国际美容美发专业学校的函授课程，后来在一家店铺工作，然后进入"TAYA"，现任广告创作组组长一职，并在染发领域成绩卓著。本次访谈做于 2008 年 4 月 30 日，借此机会，自己将名字从"MASA"改回"大川雅之"。由其编写的《成功染发实用手册》已在 2009 年 11 月由辽宁科学技术出版社出版发行。

雅之：告诉后辈，最近会长（田谷哲哉氏）也做了同样的事。

民子：嗯，是什么事啊？

雅之：看了我的作品之后，说是不是在"破坏自己的墙"啊。不过不要担心，要不断地破坏下去。超一流的人物要敢于打破自己的壁垒才能进步，才能走到更高处。

民子：的确如此。

雅之：自己倒没有担心，只是不知不觉脚步停下来了。民子你说你是感觉派，创作作品是凭直觉吗？

民子：某种程度上由直觉决定，后来用直觉比较多些，尤其是最近。不过，那都是因为有以前的经验在里面。

雅之：因为有经验做底蕴，所以觉得跟随直觉走可能不会出错……但实际上还是很容易出错的。

民子：我看过你的作品。

Present!

在成为发型师之前，因为欣赏民子，曾经去过"masago"，可惜没有见到民子。我印象中的民子是个既漂亮又能干的人，而且也是保持着少女心态的人。所以，挑选了与她的明眸相配的亮晶晶的领针送给她。
（大川雅之）

约定来访的客人要给主持人大川民子带礼物。雅之君挑选的蝶形领针在民子的身上更是熠熠生辉。

民子的小屋

访谈结束

沙龙工作、创作作品、外面的工作……雅之君都在认真地做，真的很棒啊！不过也没有看到难以承受的样子，所以这样的人一定会走在时代的前头。期待他今后能成为带动业界前进的人。而我们在培训员工的时候，一定要让大家多听听雅之君的讲话，这些话对他们的成长是很有益处的。

雅之：咦，怎么样啊？

民子：嗯，说不清楚。想表现的东西没有传达出来，那是你的风格吗？

雅之：我的风格……我自己也不清楚，现在我正在进行各种尝试。

民子：还在迷惘中吗，应该从现在起理清思路了。

雅之：民子的作品即使不看题款，也知道是民子做的，这就是个性使然。作品还是有个性为好。

民子：当然是有个性好，感觉就像名片。当然，有时也会被说成"又是这个啊"。但其他人能不能做出来呢？ 我认为我是不输给任何人的。

雅之："不输给任何人"，我想也许我还没有达到这样的程度。

民子：希望在作品中可以看到您的世界观。因为想看到、听到、感受到更多的东西。

雅之：看来真到了不能不改变自己的时期了。

要打破原有的自我，就要进入自己未知的世界。

民子：是的。正如之前说的，要打破原有的自我，就要进入自己未知的世界。要扩大圈子。我也是从去年开始学习日本舞，因为要跳出憧憬恋爱的18岁少女时的感觉。

雅之：18岁？那也会反映在您的作品中吧。

民子：是的，一定。现在正是机会啊，因为大家都在等下一个年代的到来。那时，雅之君是否会拿出20岁小伙子的勇气呢？所以要加油，你一定会成为非常了不起的人的！

雅之：也许吧。是，一定要加油！

技艺高超·待客有方

能成为第一名的人必然有一定的理由……
本章节策划内容是学习活跃于服务界的"业绩第一名"的待客
之道。
本月直击东京涩谷时尚大厦里SHIBUYA109超人气品牌店
CECIL McBEE中业绩第一名的店员，学习她的待客之道！

Teacher
远藤真实小姐

生于1987年。高中毕业后，
进入美容系列专业学校学习
了两年时尚课程，除营销外还
具备色彩搭配方面知识。几
乎所有的时尚杂志都有她的
报道，是公认的天才店员。

➡ **远藤真实小姐**"CECIL McBEE"

Navigator
学习待客之道小组

为学习待客的奥秘而组成的二
人组，1号（左）和9号（右）两
位。他们的目标只有一个，那就是
"掌握一流的待客之道"！

商店店员的工作内容

在店中除了待客外，还要懂
得使用收银机、出货、橱窗陈
列等多方面知识。虽然工作
是要站立一整天，非常辛苦，
但在客人面前也不能呈现出
倦容。因为要随时为客人提
供适当的建议，所以要有很
好的体力和脑力。

Point! ①

笑脸相迎，精力充沛

第一印象非常重要。店员明
朗的笑脸、热情的态度能使
客人感受到店里的活力，给
客人留下良好的印象。

Point! ⑥

上个月……

客人回忆起自己之前的感受是件很愉快的事。如果有这样的记忆，就说出来吧。

Point! ⑦

把客人的伙伴也卷入话题

客人有伴时，让他加入到话题中并一块感受购物的乐趣。把已经厌烦长时间购物的男友带回到新鲜的气氛中。第三者的意见会给客人很大的影响，也关系着客人心情的变化。

Point! ⑧

有理有据的建议……

不要单纯地说这个好那个好，而要根据客人肤色以及颜色的特性，针对客人的顾虑给出具体的建议，有理有据的说明更有亲切感和说服力。

Point! ⑨

最后的礼节！

目送客人离开时，一定看着对方眼睛传达出真诚的心意。无论店里多繁忙，一定要完成最后的礼节，表达对客人的诚意。

**致各位亲爱的美发时尚读者：
From 销售业绩第一名**

第一印象一定要给人公正、清洁感。
发型师自己的发型和形象都没有打理好的话，很难得到客人的信任。
对女人来说，头发是大事。
如何拿梳子、头发吹干方法等很细节的动作都会影响到女性客人的信任感，在这方面下工夫的男发型师也会得到越来越多女性客人的认可。
不经意的一句话也非常重要！

Service!

即使从现在开始，也为时不晚
基础讲座

| ① 中间卷发与波浪式烫发 | ② 烫发的发型结构 |

讲师：DOKA［anti］

成为人气发型师之路是否蜿蜒曲折？
不是，卷曲的烫发技术会将你带上一条顺畅的大道！
这里为读者准备的内容是向顾客建议烫发造型时的基础知识，
以及发杠的使用方法与波浪形成之间的关系。
熟练掌握波浪基础知识，了解烫发的发型结构，
充分运用于实际操作中。

技术、解说：DOKA
1977年出生，作为[anti]的开业店员进店，现在已升任店长。除美发沙龙外，还精力充沛地活跃于发型秀场、讲习活动中，还是一些专业性和一般性杂志的摄影师。

illustration_Toshiyuki Fukuda

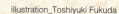

Lesson1 | anti店技术理论：烫发与设计的关系

国家美发师考试是对多方面技能训练的考核。这些当然都是非常重要的基础,但在美发沙龙中将烫发应用于设计当中是为了追求让顾客更美、打扮更入时、顾客更满意的目标。

因此,首先在本讲座中介绍一下关于我们anti店总结归纳的烫发发型设计的要素和基础。

做烫发发型设计时,anti店关注的内容

	烫发的要素	效果
1	发束的薄厚度	发束感、质感、空气感、整体统一性
2	发杠转数	波浪感、蜿蜒感
3	卷发方式	根据发束的薄厚度调节波浪的间隔
4	卷发角度	调节量感
5	取发片的方式	发束与发束之间的衔接
6	拉起发片的方向	调节设计的表现力
7	剪发的基本形	调节设计的线条轮廓
8	发杠的选择	波浪卷的大小与强弱
9	药剂选择	对应发质及头发的受损程度
10	卷杠的分区与排列	造型
11	顾客平时的打理习惯	※

※在干发后发卷会稍微伸展开,形成比湿发时略大的卷。因此,结合顾客日常打理习惯非常关键。若顾客习惯使用吹风机使头发完全干燥,那么烫发时应烫出卷曲较强的发卷。同样,若顾客习惯自然干发时,那么按照预计的卷发强度烫发即可。

anti卷杠的分区与排列的基础

anti卷杠的分区与排列的基础 ·········> **无须用力的中间卷杠法**

anti店将中间卷发列为基础内容的理由

● 中间卷发的特征1

做卷的发束上由于发尾重叠，延长了发尾处的圆周。

→发尾处形成轻薄感。

● 中间卷发的特征2

可以自由设定开始卷发的起点。

→容易做出最初构思设计中的卷发。

现在修剪的发型中多为发尾轻薄的剪法。

中间卷发法（在发束的中间位置开始卷发）可以加强发尾处波浪的蓬松感和轻盈感，

与轻薄的基本形完美融合。

※相反的，若从发尾处开始卷发，会在原本就轻薄的发尾部位造成强烈尖锐的卷发形象。

Technique

成为中间卷发法大师

anti店卷杠的分区与排列。其基础的基础是不需用力地上发杠。

这里看一下旋转2周的卷发方法。

1

用发杠从想形成波浪的位置开始卷发。

发束自然垂下拉出角度，把发杠放置在卷发起点位置。

重点！

卷发前先反复做发杠旋转练习，找出窍门。动作熟练后，就可以自然地把发杠放在要开始形成波浪的发束起点位置。

2

先1周旋转

3

转第2周时与转第1周的发束重叠。

这样的做法会使转第2周做出的发卷比第1周的发卷大一些，也就是说，烫发后发卷的波浪比第1周发卷的波浪大且松软，可以轻松实现发尾处的动感。

Finish

从上开始卷上电发纸，用橡胶皮筋固定住即可。

拆开发杠

Lesson2

发杠的旋转次数与波浪形状的关系，你能良好把握吗？

在 anti 店，发杠旋转次数是以0.25周（1/4周）为单位。要想做到灵活运用，要尽量多做练习，熟练把握。

对于这样的说法，也许会有读者提出："这样划分是不是过于精细了？""以半周为单位不行吗？"

事实上，以0.25周为单位打理控制发型，在造型上非常重要。

Reason

Anti店以0.25周为单位的理由

0.25周的差别=1.5厘米的差别

请回想一下小学时的算数题。圆周的长度=圆的直径×圆周率（3.14）

因此，用直径是19毫米的发杠时，

圆周的长度=19毫米×3.14≈60毫米（6厘米）

简单思考一下，**旋转0.25周的差别时，波浪形成的起点位置就相差了1.5厘米。**

只差这一点儿也会使造型效果产生很大的变化。

直径是19毫米的发杠多卷0.25周，波浪长度就会增加1.5厘米。

内翘和外翘的区别

2周、2.5周，小数点后面是0或5时，发尾柔和；而2.25周、1.75周，小数点后面是25或75时，由于尾数不足，发尾形成的卷不柔和，看起来有翘起感。

也就是说，想要更接近波浪形时，以.0或.5周为单位；想要发尾翘起时，则用.25周、.75周为单位卷发，这样可以精细地调整发型结构，使之形成设计目标中的造型。

●卷发周数决定波浪的样式

卷发周数	1.5	1.75	2	2.25	2.5	2.75	3

实际操作，比较相差0.25周对卷发效果的影响

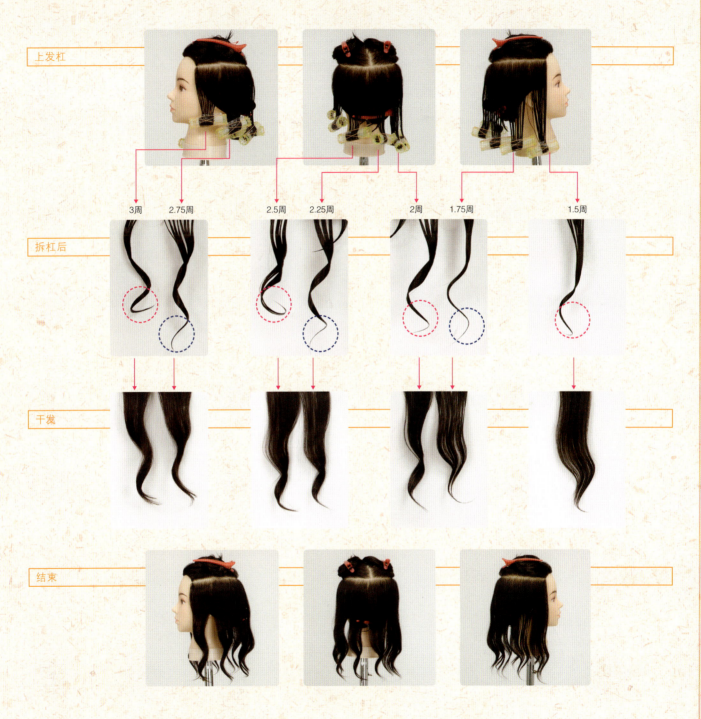

上发杠

3周　2.75周　2.5周　2.25周　2周　1.75周　1.5周

拆杠后

干发

结束

○.0周·.5周　　○.25周·.75周

看烫卷后的对比照片，效果更加明显。红圈表示的是以.0周、.5周为单位卷出的发尾，黑圈表示的是以.25周、.75周为单位卷出的发尾，发尾处的翻翘方式不同。

※用19毫米的普通发杠做的中间卷发发型。1号药水选用中性系列药水保持5分钟。

Lesson3

学习每种发杠的卷发方法
并了解形成的
波浪形状

虽然统一称作发杠，但却有着许多的种类，如粗发杠、细发杠、长发杠等。这些发杠各自有着怎样的特征，卷发时最后会形成什么样的波浪，等等，这些都需要发型师在工作时灵活运用。这些也是每位出色发型师必备的精练技术。

发杠的主要种类和特征

●普通型发杠

标准发杠。主要用于烫波浪卷时使用。

●长型发杠

比普通型发杠长1.5倍左右。主要用于烫螺旋卷时使用。根据发束的薄厚和螺旋的间隔，可以自由调节波浪的卷曲度。

●圆锥型发杠

用于想在发根部位和发尾部位形成起有差异的波浪卷时使用。Anti店使用普通发杠或长型发杠时，一般先卷上一层塑料膜，再加上一层电发纸。

●粗发杠

比普通型发杠直径大，主要用于想卷出比波浪发卷大且松软的卷发时使用。

Test

不同直径的发杠与波浪大小的关系

发杠直径有多种尺寸,分别使用19毫米(右下)、21毫米(左上)、23毫米(左下)的普通发杠,在发束中间转2周的卷,试着比较其中的不同。

虽然发杠的直径仅大2毫米,烫出的波浪卷却大出很多。

※1号药剂选用硫氰酸系列药水保持5分钟。

使用长型发杠和圆锥型发杠时的一点建议

长型卷发棒

重点!

根据想要的卷曲度大小选择螺旋形卷的间隔距离。

这次螺旋形卷上发杠的间隔距离形成了较松软的波浪。

圆锥型发杠·顶点在上

利用发杠底边,在发尾突出部分形成松软的发卷。

圆锥型发杠·顶点在下

顶点在下 顶点在上

发尾处的处理方法和中间卷发法相同,在发束中间开始旋转卷发。

圆锥型发杠的顶点在上时(右)会形成西方人那种自然卷曲的质感。

使用长型发杠和圆锥型发杠的情况下,基本的技术要求与普通型发杠相同。

※1号药剂选用硫氰酸系列药水保持5分钟。

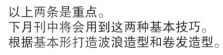

卷杠技术可以说是发型师的基础技能。

在沙龙里,除了单纯卷出漂亮发卷的基本技术外,还必须能够将发卷融入到整体的设计中。

Anti店中把中间卷发法技术作为烫发的基础课,要求发型师反复练习。

Anti派·在美发沙龙做卷杠的技巧

❶ 中间卷发法是基础,
根据发杠的种类与螺旋形卷杠方法等组合使用。

❷ 旋转次数以0.25周(1/4周)为单位,掌握各种波浪卷的特征。

以上两条是重点。
下月刊中将会用到这两种基本技巧。
根据基本形打造波浪造型和卷发造型。

Basic

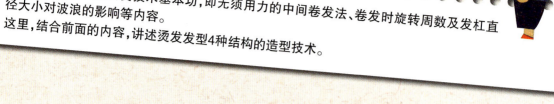

对比中间卷发法打造的波浪式造型和卷发造型

前面讲授了anti店美发技术基本功，即无须用力的中间卷发法、卷发时旋转周数及发杠直径大小对波浪的影响等内容。
这里，结合前面的内容，讲述烫发发型4种结构的造型技术。

Lesson 4

高层次长发基本形时，波浪发型VS卷发发型

造型1·波浪

保持了基本形的稳重感，整体动感强。顾客想要时尚、女人味十足的造型时推荐此款。

造型2·卷发

4种结构中稳重感最强。若顾客追求发尾有动感，整体统一感强的发型时，可推荐此款。

前面

侧面

侧面

后面

Case 1

高层次长发基本形
波浪发型的基本形式

→ P.138

Case 2

高层次长发基本形
卷发发型的基本形式

→ P.139

※这里讲的"波浪"和"卷发"，不是根据药剂所做的分类。
两者也没有明确的划分标准，一般将全体都布满动感的烫发发型造型称之为"波浪"，将只以发尾为中心形成动感的烫发发型结构称之为"卷发"。

Condition

做发型结构的基本条件

基础：
- ●不拉伸发束
- ●中间卷发

后面所讲的2.5周都是指不拉伸发束的中间卷发时使用的旋转周数。

※以下出现除上述以外的卷发方法时,每次另行标明。

重点！

这里介绍的是anti店的4种烫发基本形。从Case1到case4依次是沉着稳重风格向华丽风格递进的造型。

关键在于顾客希望打造出什么样风格的造型,清楚了解顾客的要求后再开始做发型。

顾客想要华丽风格就设计高层次波浪发型,顾客想要稳重知性风格就设计低层次卷发造型。

Lesson 5

基本形是高层次基本形时,波浪发型VS卷发发型

造型3·波浪

发尾处几乎没有重叠,头顶部到颈背部的所有区域都呈现动感。
4种结构中最华丽的造型

造型4·卷发

保持了基本形的华丽感,动感被稍稍抑制,使整体形象不会显得过分艳丽。
另外,稍微调整发尾处的动感即可形成各种不同的发式风格。

前面

侧面

侧面

后面

Case 3

大高层次基本形
波浪发型的基本形式

→ P.140

Case 4

大高层次基本形
卷发发型的基本形式

→ P.141

要点

高层次长发基本形上做波浪造型时，即使卷到发根处发束也很难形成波浪，要点是选择稍细一点的发杠或薄分发片进行卷杠，增加发杠的数量。

Winding

1
头下部分区
纵向提起发片，选择19毫米的发杠做3周的螺旋形旋转。

2
头中部分区
纵向提起发片，选择21毫米的卷杠从发束中间开始做2周的旋转+0.5周的螺旋形旋转。

3
头上部分区&脸周围的头下部分区
斜向提起发片，选择19毫米的发杠向前做3周的螺旋形旋转。

4
侧中线以上的头上部分区
斜向提起发片，选择21毫米的发杠从发束中间开始向前做2周的旋转，卷到发根部为止。

5
脸周围的头上部分区
斜向提起发片，选择21毫米的发杠从发束中间开始向前做2周的旋转，卷到发根部为止。

上发杠

6
刘海
向上提起发片，选择21毫米的发杠从发束中间开始做2周的旋转，卷到发根部为止。

7
头顶部区
选择21毫米的发杠从发束中间开始做2周的旋转+卷到发根部为止。在头盖骨周围处，提起发片与地面平行旋转卷发（照片）。

拆杠后

要点

仅在头盖骨位置以低角度卷发杠，这样可以调节量感，打造小脸美人形象。

高层次长发基本形的卷发

高层次长发基本形与大高层次基本形相比在头上部和头下部的头发重叠密集、不容易形成动感。此时应该注意若选择了粗发杠,会形成卷曲感不强烈的发卷。

Winding

1

头上部分区
纵向提起发片,使用19毫米发杠从发束中间开始向前做2周的旋转+发根处做0.5周的螺旋形旋转。

2

头中部分区
纵向提起发片,选择21毫米的发杠向前做2.5周的旋转。

3

头下部分区
纵向提起发片,选择23毫米的发杠向前做2.5周的旋转。

上发杠

从头下部区到头中部区再到头上部区头发越来越容易运动,因此在操作时应选择次大2毫米的发杠。若使用直径相同的发杠,头上部区烫出的发卷会显得动感过强。

4

脸周围·头下部区
斜向提起发片,选择21毫米的发杠向前做2.5周的旋转。

拆杠后

5

脸周围·头上部分区&刘海
纵向提起发片,选择23毫米的发杠向前做2.5周的旋转。

Case 3
大高层次基本形的**波浪**

各分区头发重叠少易形成波浪。因此使用的发杠应略粗于高层次的发杠，并且减少发杠的数量。

上发杠

拆杠后

Winding

1 头下部分区
斜向提起发片，选择21毫米直径的长型发杠从发束中间开始向前做2周的旋转+0.5周的螺旋形旋转。

2 头中部分区
斜向提起发片，选择23毫米直径的发杠从发束中间开始向前做3周的旋转。

3 头上部分区
垂直头皮90°拉起发片，选择23毫米直径的发杠从发束中间开始向前做3周的旋转+1周的螺旋形旋转。

4 刘海&头顶部
刘海分成2束，垂直头皮90°拉起发片，选择18毫米发杠从发束中间开始做1周的旋转，卷到发根处。在头顶部低角度拉出发片，卷杠方法与刘海处相同。

Case 4
大高层次长发基本形的卷发

要 点

对高层次长发来说，因为发尾的协调感不相同，因此卷杠方法也要区别于前页，先作比较再开始练习吧。

Winding

上发杠

拆杠后

1

头下部分区
斜向提起发片，选择21毫米直径的发杠从发束中间开始做2周的旋转。

2

头中部分区
斜向提起发片，选择23毫米直径的发杠从发束中间开始做2周的旋转。

3

头上部分区
纵向提起发片，选择27毫米直径的发杠从发束中间开始向前做2周的旋转。

总 结

本次以高层次和大高层次两种基本形分别打造波浪造型和卷发造型的基本发型。
首先熟练掌握上述的4种基本烫发发型，在实际应用时结合顾客的发质、发量、受损程度、头部骨骼特点、量感等因素灵活运用。

能够完美呈现出最初设计构思的波浪或卷发造型的效果，对于每位发型设计师来说都是非常重要的事。
带着这样的目标努力练习吧！

要 点

大高层次基本形与高层次基本形相比发束运动性更强，因此在同样的分区上也要使用大1毫米直径的发杠。若与高层次使用同样的卷杠，则形成的发卷会比最初构思的卷曲度更强烈。

进藤郁子

SHISEIDO（东京都品川区）
横滨理容美发专业学校毕业（美发经验6年）

月间奖

有发束感和时代感的发型，在动感的部位表现出柔和感。平缓发流的发型基底上波浪形的动感与直发的质感相结合，形成一块一块相重叠的、欢快的设计效果。很好地把握了动感的变化和质感，把两者完美地融合在一起。发型整体的动感和线条的平衡也拿捏得恰到好处。虽然在两侧动感的处理上稍显不足，但从整体的构成、表现力上看都可以给予很高的评价。

篠塚丰良

佳作

SHISEIDO（东京都品川区）
Marie Louise美发专业学校毕业。（美发经验12年）

基本设计为平缓的发型，发型轮廓的表情和上部重叠相加的大波浪相结合，呈现出富有变换的味道。基本的大线条构成使上部覆盖的波浪更突出，形成对比的效果。处理上稍有对比过强的印象。

小林润子

佳作第1

SHISEIDO（东京都品川区）日本美发专业
学校毕业。（美发经验5年）

设定的发型长度适当，吹发造型高雅加上平衡感良好，形成漂亮的完整发型。设计有长度的发型时，最难的是发尾的动感和质感以及整体发流的堆积。而这款发型将此处理得非常到位。但包括前发在内的前额分区的设计处理得有些暧昧，发型设计的连续性不强。

尾崎绫子

佳作第2

VISAGE（东京都中央区）札幌Beauty Make
美发专业学校毕业。（美发经验7年）

短而清爽的吹风造型。发尾充满活力，散落着轻轻的动感，整体的平衡把握良好。设计本身没有缺点，但缺乏新鲜和风趣感。短发吹风造型是常见的造型类型，因此作者需要再下一番工夫才行。

藤原江梨子

佳作第3

M．SLASH（神奈川县横滨市）
盛冈Hair make专业学校毕业。（美发经验8年）

鲍勃基本形，有个性的吹风造型。右侧的发尾生动活泼的动感、颈背部线条的扩展的设定、平衡感都很好的作品。发型表情的处理方法也相当出色。从作品上能够感受到作者的设计灵感和主张。但是欣赏角度变换后有些部位的动感略显散漫。

大友　忠

佳作

M．SLASH（神奈川县川崎市）
仙台理容美发专业学校毕业。（美发经验7年）

发型整体的动感、线条构成等都能让人捕捉到时代感。右侧的发束感和动感、贴在脸颊上的发尾的处理方法都表现得非常漂亮。但遗憾的是，在符合主题的吹风的表现上，左侧部分的处理稍差一些，让人看出制作者的犹豫不决。动感等的表情在整理时应该做得更好一些。

石田美纪

月间奖

SHISEIDO（东京都品川区）资生堂美发
技术专业学校毕业。（美发经验8年）

从发尾的表情处理、整体发流的表现等技术来讲，都很有稳定感。从专业的角度来看有很多可取之处，但对于吹风造型这样的主题来说，整体上有厚重的感觉。想要挑战长发发型的时候，需要更多地表现出一些吹风造型所特有的活力和清爽感。

尾崎 绫子

佳作第2

VISAGE（东京都中央区）札幌Beauty Make美
发专业学校毕业。（美发经验7年）

无檐帽式的发型。基本的发流和线条轮廓的控制都恰到好处，给人好感。发束的自然表情和动感均匀，充分表现了现在的心情。两侧的线条轮廓也很不错。但是前面的动感略给人迟疑感。前发和前额分区若再下一些工夫的话就能得到月度冠军奖了，非常遗憾。

进藤郁子

SHISEIDO（东京都品川区）
横滨理容美发专业学校毕业（美发经验6年）

发流和发束感的处理都非常专业的发型，可以看出作者的实力很强。但是发流的表现过于强硬，弱化了无檐帽式的发型设计感。另外，一束一束的发束在发根处的表现都像是给人打理过度的印象。如果能处理得更自然的话，就能成为月度冠军了。

编者注：《HAIR MODE URESTA!》每个月都要根据不同主题从读者投稿中评选出优秀作品刊登在杂志上。编者从每个月不同主题的优秀作品中精选了3种汇集于此处，以飨读者。

大友 忠

M.SLASH（神奈川县川崎市）
仙台美容美发专业学校毕业。（美发经历8年）

两侧的线条轮廓、整体的平衡感以及边线的设定都是非常有个性的无檐帽式短发型。表现力也非常出色。但是，发束的动感相对较乱，需要再整理。特别是从前面看时看不到侧面的量感，只有发束的动感过多地呈现在面前。应稍微控制一下。

小林润子

佳作第2

SHISEIDO（东京都品川区）日本美发专业学校毕业。（美发经验5年）

无檐帽式的短发造型，充满女人味的表现，构思巧妙。无檐帽式的短发造型所特有的以头顶部为起点的发流很好地反映了基本形。但是和进藤发型师一样存在动感的处理痕迹过多的问题。如果设计更自然一些，效果会更好。

进藤郁子

月间奖

SHISEIDO（东京都品川区）
横滨理容美发专业学校毕业。（美发经验7年）

大胆地排列了鲍勃的基本线条，整体的动感中表现出女人味十足的优雅气氛，是表现力出色的作品。发型增加了时代感，左右量感的平衡也呈现若干变化，成功地打理出波浪的柔软质感。刘海到头顶部形状圆润，出色地表现了发型的高度，成为整体设计的关键。此为漂亮、完成度高的作品。进藤发型师已经3次获得月度冠军奖，并获得年度最优秀奖，恭喜。

小林润子

月间奖

SHISEIDO（东京都品川区）日本美发专业学校毕业。（美发经验5年）

波浪鲍勃被制作者特有的感性打造出现代时尚感。不对称的设计构成。和进藤发型师的作品相同，采用了斜前发，一侧重一侧轻的设计给人极具变化的印象，很有灵感。从上部到前发平缓的发流与侧面波浪的动感相衬托，展现出无限的美丽。从侧面看时，某几个部位的动感稍有不足，但整体的构成和表现力都应给予高度评价。恭喜获得月度冠军奖。

谷口丈儿

佳作第2

SHISEIDO（东京都品川区）资生堂美发技术专业学校毕业。（美发经验4年）

从正面看两侧的可爱线条被很好地表现出来，但是整体发型布满的波浪感觉和动感部分都有再整理的必要。动感部分和平缓部分的对比感不强。感觉不错但完整度不够。需要再稍微计算造型的构成。

佐藤贵俊

佳作

VISAGE（千叶县市川市）札幌
Beauty Make美发专业学校毕业。（美发经验8年）

发型基本构思是鲍勃基本线条，在此基础上增加了具有时代感的波浪。此为切入主题并给人好感的发型。略有方形印象的侧面结构、平缓的前发和侧面的波浪形成对比较强的动感，表现出色。但是头发的质感没有很好地呈现出来。

隐岐谷 尚子

月间奖

TAYA（神奈川县相模原市）高津理容美发专业学校毕业。（美发经验13年）

把平衡处理得最佳的作品。充分理解了主题。与强烈厚重感的基本形相对，完美地融入了轻盈漂亮的羽毛式质感和动感。看这个作品时，最大地亮点就是羽毛式触感分量的拿捏到位。羽毛式的动感与质感被精确计算后完美地融入到头后部和两侧平缓的基本修剪中，与之相互衬托，完美呈现。羽毛式发型的要素在调整底部发束的同时被细致地打造出来。此为整体上有对比感的高品质发型设计。恭喜获得月度冠军奖。

谷口丈儿

SHISEIDO（东京都品川区）
资生堂美发技术专业学校毕业。（美发经验4年）

自然柔和的动感，女人味十足。技术上也属于高水平作品。但是在前部和两侧的量感、发束动感的量的调节上稍显不足，给人以困惑的感觉。因此，形成了有暧昧感的基本形，整体上缺乏变化。以后应该再提高一下在造型构成上的表现力。

佐佐木香织

VISAGE（千叶县市川市）
国际理容美发专业学校毕业。（美发经验7年）

构成简单、动感和平衡感富有变化的作品。前发轮廓线的延长线上发长不一，表现出羽毛式的飘逸感。不对称的平衡造型颇费工夫。但是在整体构成上过于强调简单的想法，使发型看起来太突出基本形。如果要设定一个主题的话，可以叫做羽毛式动感发型。

图书在版编目（CIP）数据

通向超人气发型师的金钥匙 /《丝语》编辑部编；李静，纪凤英译. —沈
阳：辽宁科学技术出版社，2009.12
（丝语；2）
ISBN 978-7-5381-6174-8

Ⅰ.通… Ⅱ.①丝… ②李… ③纪… Ⅲ.理发–造型设计 Ⅳ. TS 974.21

中国版本图书馆CIP数据核字（2009）第200716号

出版发行：辽宁科学技术出版社
　　　　　（地址：沈阳市和平区十一纬路29号　邮编：110003）
印　刷　者：沈阳天择彩色广告印刷有限公司
经　销　者：各地新华书店
幅面尺寸：215mm×285mm
印　　张：9
字　　数：100千字
出版时间：2009 年 12 月第 1 版
印刷时间：2009 年 12 月第 1 次印刷
责任编辑：李丽梅
封面设计：熙云谷设计机构
版式设计：袁　舒
责任校对：徐　跃

书　　号：ISBN 978-7-5381-6174-8
定　　价：45.00 元

投稿热线：024-23284063
邮购热线：024-23284502
E-mail:bbpdh@hotmail.com
http://www.lnkj.com.cn
本书网址：www.lnkj.cn/uri.sh/6174